山东省高等学校人文社会科学研究计划项目（项目编号：J14WJ54）

山东省教育服务新旧动能转换专业对接产业项目子项目

网页设计的风格研究

郑建鹏　著

首都经济贸易大学出版社

·北　京·

图书在版编目（CIP）数据

网页设计的风格研究/郑建鹏著. --北京：首都经济贸易大学出版社，2020.8

ISBN 978-7-5638-3100-5

Ⅰ.①网… Ⅱ.①郑… Ⅲ.①网页制作工具 Ⅳ.①TP393.092.2

中国版本图书馆 CIP 数据核字（2020）第 172314 号

网页设计的风格研究

郑建鹏 著

WANGYE SHEJI DE FENGGE YANJIU

责任编辑	赵 杰	
封面设计	郑建鹏 李慧允	
出版发行	首都经济贸易大学出版社	
地　　址	北京市朝阳区红庙（邮编 100026）	
电　　话	(010) 65976483　65065761　65071505（传真）	
网　　址	http://www.sjmcb.com	
E - mail	publish @ cueb.edu.cn	
经　　销	全国新华书店	
照　　排	北京砚祥志远激光照排技术有限公司	
印　　刷	北京玺诚印务有限公司	
开　　本	710 毫米×1000 毫米　1/16	
字　　数	291 千字	
印　　张	17	
版　　次	2020 年 8 月第 1 版　2020 年 8 月第 1 版	
书　　号	ISBN 978-7-5638-3100-5	
定　　价	76.00 元	

目 录

CONTENTS

网页设计艺术的共时与历时

　　著名符号学家、瑞士学者费迪南·德·索绪尔提出语言研究的共时与历时的概念。前者研究语言在某一特定阶段的情况，后者研究语言的历史变化。把这种研究的方法用在观察网页设计艺术的风格塑造与变迁上，也不失为一种有益的视角。

　　同其他艺术形式一样，最早出现的网页设计并非以审美作为创作的第一要义的，就像陶器最早出现时更多的是考虑如何装更多的水，如陶罐，如何使燃烧时的受热面积更大、更均匀，如陶鬲。当基本的实用功能满足后，才有可能产生认知功能与审美功能的需求。网页设计同样如此，其最初的出现是基于信息共享与高效远程沟通的动机，此时的网页设计更多考虑发布什么信息以及如何发布这些信息，而远没有达到对信息的组织、整理、传播与艺术性信息设计的地步。

　　网页设计艺术的发展是基于艺术与技术共同发展的结果。艺术为网页设计提供了形式创造的元素、法则和审美的可能性，技术为网页设计提供了必要的基础、条件和技术实现的可能。从共时的视角观察网页设计艺术，我们看到的是不同类型、类别、产品、组织，在网页设计风格上的多元和差异，这些暂时性的风格是孤立的和浅层面的；从历时的视角关照网页设计艺术，却能够看到因社会、文化、技术、消费等不同要素变化之后，在网页这一媒介形态上展现出来的演变的规律与沿袭的关系。从历时的视角审视网页设计，更容易让我们总结网页设计的规律性，归纳网页设计的风格特色，对之后的网页设计形成认知与借鉴。

　　自 2012 年年初始，笔者应《网络传播》杂志"搜网志"栏目之约，开始了长达四年的国内外网页设计艺术风格的观察之旅，并陆续在"搜网志"专栏上发表了四十余篇文章，这些文章的视角涉及网页设计的功用、形式、技术等多个方面，研究案例涉及全球范围内的几百个网站。2014 年，笔者以这些文章为前期研究成果申报了山东省高等学校人文社会科学研究计划项目，这为笔者的网页设计观察更增添了不尽的动力。虽然在 2016 年撰写专栏的工作告一段落，但笔者发现自己已经深深地陷入这场学术观察的"游戏"中不能自拔，完全沉湎于探索与发现的乐趣之中。2019 年，在多位领导、师长和朋友的鼓励下，笔者决定将这些文章以及后期持续的研究成果结集出版，算作一种自我告慰和一段学术研究心路历程的总结。

虽然本书的内容以四年累计的专栏文章为基础，但并非是原有文章的简单结集，而是在之前观察与研究基础上的新体会与新思考。本书研究了 500 余个网站的页面设计风格问题，时间跨度从 1990 年到 2019 年整整 30 年，主要集中在 2012 年至 2019 年。从内容上看，首章"风格与风格问题"是对本书主要探讨领域的界定和集中阐述，"风格"是本书研究的核心关键词，"风格"能从共时与历时两个角度理解，前者将作品放在静态的时空中做特征观察与描述，后者则将作品置于动态的变化中做艺术的比较与分析。为了论述内容的集中，本书将 1990—2011 年的网站设计风格浓缩在第二章"历史、现实与趋势"中，而将 2012—2019 年的网页设计风格特征分解为"形态""色彩""空间""交互""功能""技术"六个层面，进行了更加详细的分析与论述。

实际上，互联网发展到今天，已不仅仅限于桌面互联网，而更多地向移动互联网转移。网页设计也从传统的 PC 网站页面转向手机等移动端网站页面。虽然二者艺术风格与技术框架方面有着基础性的联系，但它们的使用者特征、使用场景、使用方式、终端规格等已经有了很大的差异。除响应式网站部分涉及移动端页面外，本书大部分内容未对手机等移动端页面的艺术风格做深入的分析，这是本书的一大特点，也是本书的一个遗憾，也是笔者今后持续性研究考虑的方向与重点。另外，笔者将书中引用的所有网站进行了整理，并作索引，一并列于书后，以供读者参考查询。

历时是一个方向、一个思路、一个角度，更是一种态度、一种方法、一种策略。历时并非只是陈述和记录，而是在事实基础上的梳理、规整、提炼与发现，是对规律的挖掘，更是对趋势的探测。进入 21 世纪第三个 10 年，移动互联网深入发展，大数据、人工智能蓬勃兴起，艺术创新与技术创新同步爆发，网页设计的未来会是怎样的？本书希望可以与您一起探寻！

本书的出版要感谢很多人，首先要感谢山东工艺美术学院数字艺术与传媒学院院长顾群业教授，是顾老师问笔者愿不愿意去给杂志写专栏。虽然读书期间，笔者曾经给多家报纸写过东西，但写新闻与写学术专栏是两个概念，笔者彼时真没有信心能完成。如果没有顾老师的介绍与鼓励，也可能就没有这本书。还要感谢《网络传播》杂志原主编孙东哲先生，在撰写专栏的四年间，我们一直通过邮件和电话联系，竟未见一面，但这丝毫没有影响我们的沟通和交流。还要感谢山东工艺美术学院教务处处长孙磊教授，感谢孙老师主持的山东省教育服务新旧动能转换专业对接产业项目给予本书资助和支持，让这本书有机会出版。还要感谢山东工艺美术学院视觉传达设计学院的诸位领导、师长，感谢学院、教研室、工作室的同事们努力营造的良好的学术氛围和研究环境，一个融洽、和谐、奋进的集体是每一个潜心教学与研究的人的乐土。

感谢每一位读者，感谢您的阅读，感谢您的批评。

1

风格与风格问题

　　"风格"一词译自英文的"style"，而后者的最初来源则是希腊语与拉丁语的 stile、stilus 等，指的是一根一段削尖的棍子，也就是一个物体。人们一般会用棍子的尖端在蜡板上写字或涂画，而粗的一端则用来磨平蜡板以便于重新写绘。此后，"style"作为物体的语义扩大，不仅仅指具体的"铁笔""尖笔"，还可以指雕刻刀、唱机的唱针、日晷仪的时针等。再后来，style 的语义又有所扩展，"作为书写或说话的表达方式，具有特色的用词风格，以至由民族、时期、文学形式、个人特性等因素导致的，通过词语选择或搭配表达思想的惯用的特定方式"①。

　　style 作为一种可分辨性的外部表达方式的基本语义很快被套用到了艺术领域，诸如建筑、绘画、雕塑等西方传统艺术门类之中，出现了建筑领域中的 renaissance style（文艺复兴时期的风格）、工艺美术领域中的 persian style（波斯风格）、绘画领域中的 impressionistic style（印象派风格）。由此艺术家们认为，风格（style）是"个人或群体在艺术中的恒定的形式、成分、性质和表达方式"。他们把风格视为"追踪不同艺术学派之间联系的手段"②。胡壮麟认为，艺术家们"研究风格的发展史及其形成和变化过程中的问题，就是要考虑艺术品在时间和空间中的连续性，要把风格的变异同其他文化领域的不同特征联系起来"③。由于风格是关于性质和意义表达的形式系统，因此我们借此可以观察到艺术家的人格和思想。风格，作为一个群体思想的表达工具，传递和形成某些宗教、社会和道德生活的价值标准。

　　一般来讲，"风格"通常涉及艺术的三个方面：形式要素（form element）

---

① 胡壮麟.理论文体学［M］.北京：外语教学研究出版社，2000：2
② 胡壮麟.理论文体学［M］.北京：外语教学研究出版社，2000：3
③ 同上。

或主旨（motive/motif）；形式关系（form relationship）；性质（qualities）或表达方式（representation）。形式要素是构成某些作品特征的技术、题材和物质，如陶器反映的是原始社会的物质材料与烧制技术，陶器多半与实际生活相关，带有浓厚的生活气息与时代风格；青铜器反映的是青铜时代的物质材料与冶炼技术，早期青铜器又多与祭祀有关，规模宏大严谨，象征意味浓郁，带有这个时代的鲜明特征。但有时候，形式要素的变化并非与时代变化同步，如在历史的长河中，石头、陶土、青铜等材质并未有太大变化，但由他们所构成的建筑、雕塑、工艺品的创意与风格却因时代不同而差异明显。因此单纯的形式要素或主旨无法完整地刻画一种风格的特征。尖顶盛行于 12 世纪至 15 世纪的哥特式建筑与伊斯兰建筑上，而在此之前的 5 世纪的拜占庭建筑、9 世纪到 12 世纪的罗马建筑，在这之后的 14 世纪至 16 世纪的文艺复兴建筑，却都推崇圆顶的形式。

如果单靠形式要素与主旨无法有效界定风格的特征，那我们则需要进一步对形式关系进行探究，即寻找将这些形式要素结合起来的不同方法。我们可以先做定性的描写，如将绘画中光与色、线条的刚劲与融合等特征进行基于强度的分类，然后再做定量的描写来证实某些结论。瑞士学者海因里希·沃尔夫林在《美术史的基本概念》中，提出"线描与涂绘""平面与深度""封闭的形式与开放的形式""多样性与统一性""清晰性与模糊性"五组概念，以此来界定风格的形式关系①。在沃尔夫林看来，以美术作品为代表的艺术风格经历着从线描到涂绘的发展，即从线条作为视线的轨迹和引导眼睛的媒介到线条逐渐被贬低的发展；经历着从平面到纵深的发展，古典艺术强调连续的平面，而巴洛克艺术强调深度；经历着从封闭形式到开放形式的发展，古典艺术讲究封闭的构图，而巴洛克艺术强调松散，规则放宽，结构力量削弱，形成一种贯彻始终的新型再现图式；经历着从多样性到统一性的发展，对于古典来说，统一是各个独立部分之间的和谐，而在 17 世纪，统一是各个部分联合成一个母题，或者通过从属关系，让个别部分从属于一个占绝对优势的部分；以及主题的绝对清晰和相对清晰，前者按照事物的真实样子进行再现，后者按事物呈现的状态进行再现，从 15 世纪的古典主义到 17 世纪的巴洛克艺术，构图、光线和色彩不再无条件地为确定形式服务，而是具有了

① ［瑞士］海因里希·沃尔夫林. 美术史的基本概念：后期艺术风格发展的问题［M］. 洪天富，范景中，译. 杭州：中国美术学院出版社，2015：29-30.

自己的生命。

除了形式要素与形式关系，风格的构成还有性质或表达方式的内容。性质是确定艺术作品日期和属性的标准，通常是物质的或外部的标准。性质的内容是那些表示征兆的细节，其特征可由结构的或表述的词语界定，如"程式化的""古典主义的""矫揉造作的""巴洛克式的"等。这些词语也可以看作风格的表达，而风格真正研究的内容就是探究形式与表达之间的关系。

风格是如何形成的呢？范景中先生在本书的中译本札记中提到，"沃尔夫林假设我们能从 16 世纪和 17 世纪的艺术中看出两种观看方式，即文艺复兴和巴洛克，他不只用五对概念阐明两种方式的区别性特征，还进一步提出了形式主义的最深刻洞见"①。这种洞见体现为三个假设。

假设一：风格很少取决于对自然的单纯观察；对装饰原理和审美趣味的信念，才拥有决定风格的最终权力。

假设二：人们不仅以不同的方式观看，而且还看到不同的东西。但是，所谓对自然的模仿，只有受到装饰性直觉的启示而又能产生装饰性作品的时候，才具有艺术的意义。

假设三：在再现艺术的历史上，作为风格的一个因素，绘画得益于绘画的比它得益于直接模仿自然的还多。

以上三个假设正是沃尔夫林关于风格形成的双重根源的简明论述。在沃尔夫林看来，风格来源于客观的对象属性与主观的创作方式两个方面，前者是对大自然的模仿，后者是对审美趣味的理解。而在风格的形成过程中，后者的作用似乎比前者要大得多。

由以上关于风格与风格问题的论述，我们似乎可以得出这样的结论：网页设计艺术的风格来源是网页设计的形式元素、形式关系与表达方式三个方面。网页设计艺术的形式元素与其他设计艺术类型大同小异，囊括了文字、图形、色彩、影像、技术等，具体为导航条、焦点图片、信息图形、文本编排、动态影像、互动设计等；网页设计艺术的这些形式元素相关组合，构成各种关系，形成艺术风格的另一种重要内容，这些形式关系包括对比、联合、呼应、留白、节奏、矛盾统一、对立和谐等，各形式要素之间以形式关系连

---

① ［瑞士］海因里希·沃尔夫林. 美术史的基本概念：后期艺术风格发展的问题［M］. 洪天富，范景中，译. 杭州：中国美术学院出版社，2015：5.

接，构成网页设计风格的主体内容；而正因为有形式要素与形式关系的存在，网页设计的风格才出现中国风的、小清新的、复古的、新潮的、超现实主义的、炫酷的等诸多的风格表达。

历史、现实与趋势

互联网（Internet）的发展历史可追溯至20世纪50年代，1957年10月苏联发射了世界上第一颗人造地球卫星，这一事件直接促使了大洋彼岸的美国在1958年2月成立了ARPA，即高级计划研究局（Advanced Research Projects Agency），其中一个项目叫ARPAnet，也就是Internet的前身。创立之初的ARPAnet只有四个主要的节点：斯坦福研究院、加州大学洛杉矶分校、加州大学圣巴巴拉分校和犹他大学。其主要特点是采用分组交换技术，完全不同于当时最主要的通信系统——电话网络所采用的电路交换技术。分组交换技术让ARPAnet拥有了一项重要的特性，就是抗毁性，传输节点在失效后，独立寻径的分组可以找到其他路径到达对方。

1969年ARPAnet实验成功，并在随后的三年里快速发展，随后互联网之父温顿·瑟夫（Vinton Cerf）、罗伯特·卡恩（Robert Kahn）等人发明了互联网的骨干协议TCP/IP协议。1981年，美国国家科学基金会（NSF）成立了计算机科学网络，即CSnet，并在Vinton Cerf的建议下进行了两网互联，这标志着互联网的正式诞生。现代互联网的主要技术特点就是TCP/IP协议簇的形成和应用。

1985年微软发布了可以应用于个人计算机的视窗操作系统，即Windows系统。人们逐渐从命令行的计算机操作中解脱出来，计算机不再是遥不可及的庞然大物，而开始成为每个人触手可及的工具。1989年底到1990年初，蒂姆·伯纳斯（Tim Berners Lee）开发出世界上第一台web服务器和web客户机，并把自己的发明命名为World Wide Web，也就是我们常说的WWW。从此web网站逐步进入人们的视野，并发展成为人们浏览互联网的主要媒介和工具。

20世纪90年代是网站真正诞生的年代。从1990年到现在，网站设计经历了初期的简单设计，到Flash的流行，并进入十年辉煌时期，再到HTML5取代Flash，然后到现在的智能终端与增强现实。30年来，网站设计经历了从技术到艺术的更迭、变革与进化。

FWA（Favourite Website Awards）网站创始人、互联网研究专家福特（Rob Ford）认为，从 1990 年到 2019 年的 30 年标志着一个技术剧变的时代，这是前所未有的疯狂和开创性的。从早期的台式电脑、手机到虚拟现实：网络现在几乎与人类日常生活的各个方面密不可分，并不仅仅是有趣的猫咪视频和光滑的界面①。福特在 *Web Design. The Evolution of the Digital World* 1990－*Today* 一书中详细阐述了这 30 年来网页设计的演变历程。

1990—1997 年，是网站设计的早期岁月。网站的诞生可谓工业革命以来发生的最大的事情。1991 年 Tim Berners Lee 在欧洲核子研究组织 CERN 的一台计算机上安装并运行了第一台 web 浏览器/编辑器和 web 服务器（图2.1）。1994 年必胜客首次在加州圣克鲁斯针对当地人推出可以在线订购比萨饼的服务。1997 年 Gabocorp 网站（图 2.3）的成立打破了网站只能用 gif 图片或 java 应用程序的嵌入来实现图文播报的规则，它在网页制作中首次采用 Flash，之后网页不再是静止的。

图 2.1　什么是万维网，1991

图 2.2　SpaceJam "空中大灌篮"，1996

图 2.3　Gabocorp 网站，1997

①　Rob Ford，Julius Wiedemann. Web Design. The Evolution of the Digital World 1990－Today ［M］. TASCHEN，2019：5.

1998 年，美国 Macromedia 公司推出的多媒体播放工具 Flash 成为网站设计的主流（图 2.4、图 2.5、图 2.6）。美国学者霍格（J. D. Hooge）将 Flash 比喻为网页设计的狂野西部，对于 Flash 设计有很多事情可以去做，这只是真正令人惊异的事情的开始。WDDG 设计集团主管贝克（James Baker）在 "Flash Challenge" 一文中兴奋地表示：以前创建的每一条规则都被简单地销毁了——我们不再需要规则——我们正在重写交互设计的规则。

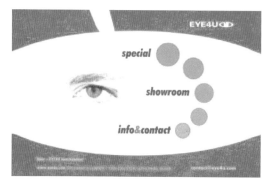
图 2.4　EYE4U 设计工作室网站，1998

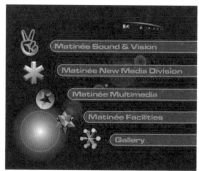
图 2.5　Matinee 影音公司网站，1998

图 2.6　NRG 影音和 IT 服务公司，1998

1999 年，互联网大潮开始席卷世界。第一个提供全面服务的网络银行 "印第安纳州第一网络银行"（First Internet Bank of Indiana）开始营业（图 2.7）。在中国，搜狐推出新闻及内容频道，奠定了综合门户网站的雏形。张朝阳被美国《时代周刊》评为全球 50 位数字英雄之一，并登上了《亚洲周刊》的封面。在这一年，OICQ 问世（图 2.8），阿里巴巴建立。

图 2.7　印第安纳州第一网络银行（INBK），2019

图 2.8　OICQ 登录界面，1999

　　2000 年，网站走入生活。第一次世界互联网泡沫破灭，但这也预示着调整和新生。微软创始人比尔·盖茨提出，如同电话、电力、汽车和飞机塑造了 20 世纪一样，互联网也将塑造 21 世纪，它将对我们工作和生活的方式产生深远、积极的影响。大量的门户网站在中国出现，Flash 成为页面设计的亮点（图 2.9、图 2.10、图 2.11）。

图 2.9　雅虎，2000　　　　图 2.10　谷歌，2000　　　　图 2.11　搜狐，2000

　　2001 年，网站一代人形成，Flash 被网站设计界全面接受，许许多多的人们放弃了"正常"的工作，开始创立和运营自己的网站，并自称为

"Flasher"。荷兰 MediaMonks[①]（图 2.13）的创始人兼首席运营官韦斯利（Wesley Ter Haar）也成为这群人中的一分子，他自述道："天啊，就是那些日子。那个网站促使我们不再为朋友和家人工作，而是突然开始经营一家企业。"（图 2.12、图 2.13、图 2.14）

图 2.12　2Advanced Studios 工作室，2001　　图 2.13　MediaMonks 数字公司，2001

图 2.14　MediaMonks 数字公司，2020

2002 年，创新的一年。在这一年，个人门户开始兴起，互联网门户进入 2.0 时代——以分享、讨论而不是信息搜寻为主要特征的网络行为崭露头角，全球最大职业社交网站 LinkedIn（领英）创立，从成为第一家面向商业客户的社交网络（图 2.15）。从此开始的 21 世纪第一个 10 年里，博客、社交媒体等开始兴起，网民成为内容的生产主体（图 2.16）。

图 2.15　领英，2019　　　　　图 2.16　天涯社区，2019

---

① MediaMonks 是一家创立于 2001 年的荷兰公司。其业务主要是为广告公司制作创意内容，覆盖电影、网站以及游戏制作，擅长使用动画、360 度视频，VR 等新技术。MediaMonks 的客户包括奥迪、奔驰、耐克以及乐高等，截止到 2018 年该公司总共获得超过 100 个戛纳创意节奖项。

2003 年，值得期待的一年。国内第一家做 C2C 的电商网站淘宝网上线（图 2.17），"非典"肆虐中国，互联网反而成了人们寻找商机、进行贸易的新渠道。在中国，易趣被 Ebay 收购，并最终因为页面体验太差而失去了中国市场，阿里巴巴异军突起。除此之外，在线游戏网站（网易）、在线旅游网站（携程，图 2.18）成为市场的宠儿。

图 2.17　淘宝，2003　　　　图 2.18　携程（英文网站），2019

2004 年，最早的病毒网站出现。在这段时间里，网页设计机构继续制作着具有个性的网站，给人们带来惊喜并展示其有趣的一面。在这一年 Facebook 诞生（图 2.19），社交媒体开始进入人们的视野。同年，汉堡王推出 Subservient Chicken（听话小鸡）的营销活动，并制作了 Subservient Chicken 网站（图2.20）。在网站上，访客看到一个装饰简朴的起居室，听话的吉祥物小鸡站在房间中间。这个场景的目的是模仿一个具有明显令人不舒服的性场景氛围的摄像头，而听话小鸡会响应访客输入的数百个命令，包括要求进行月球漫步、关灯或跳绳。使该活动如此成功的原因是网站的执行。许多游客都误认为那是一个现场网络摄像头，但是每个指令，估计有 300 个，都是预先拍摄并编码以响应输入的需求。Subservient Chicken 让人们第一次拥有了让事情以实时的方式在网站上发生的能力，这项活动成为 21 世纪早期最离奇的营销理念之一，也是最具开创性和最受欢迎的营销理念之一，该网站也因此成为有史以来最受欢迎的病毒网站。

2005 年，创意的一年。这一年中国互联网宽带用户超过 5 000 万，互联网上网人数达到 1.3 亿，经过膨胀和起潮后，中国互联网走入稳健发展的轨道，互联网开始改变人们的生活、工作、学习、娱乐等各个方面（图 2.21、图 2.22、图 2.23）。

图 2.19　脸书，2004

图 2.20　听话小鸡
（Subservient Chicken），2004

图 2.21　赶集网，2005

图 2.22　淘学网，2005

图 2.23　好听音乐网，2005

　　2006 年，资金大量投入。本年度推特（Twitter）诞生，该公司的创始人杰克·多西（Jack Dorsey）发出了第一个推文："只是设置我的推特。"推特的成功，推动互联网信息传播模式开始走向"零时延"，标志着 web2.0 时代正式到来，使得在 web 1.0 时代占据主导地位的门户模式开始走下坡路。本年度《时代》杂志评选的年度风云人物，是网民"你"（图 2.24）。

图 2.24　2006 时代
周刊年度人物，2006

　　2007 年，伴随着 iPhone 的横空出世，全屏幕影像展示出现，同时也标志着移动互联网时代的正式开启。乔布斯在 Mac world 大会宣称，他带来三款革命性的产品：一款触控的宽屏 iPod、一款革命性的移动电话、一款突破性的网络通信器。其实，这三件产品只是一件产品，那就是 iPhone。iPhone 围绕"屏幕为主"进行规划——超大的屏幕、黑色玻璃面板，以及正面仅有的一个 Home 键。在屏幕点亮的瞬间，精致的拟物化图标与自然的交互方式几乎不需要任何学习的成本，全屏幕影像的时代到来了（图 2.25、图 2.26）。

图 2. 25　榕树下，2006

图 2. 26　从 iPhone 到 iPhone 6 Plus

2008 年，令人恐惧的一年。9 月 3 日，Google 在全世界 100 多个国家发布了 Chrome 浏览器（图 2.27）。在浏览器发布的 24 小时里，Chrome 的下载量达到数百万次，市场份额瞬间攀升至 1%。德国科技博客谷歌治印（Google Blogoscoped）刊登了多个篇幅的 chrome 性能漫画（图 2.29）。在中国，校内、海内、开心（图 2.28）、一起、蚂蚁等无数克隆自 Facebook 的 SNS 网站陷入了一场空前惨烈的厮杀当中，开启全民社交时代。

2009 年，社交媒介融合。当年度的科技博客网站 Read Write Web 发表文章，提出社交媒体发展的十大趋势：着眼于人；创造意义和价值；聚合平台；创建一个真正的跨平台体验；建立相关的社交网络；在广告中创新；帮助人们组织"旧"的社交媒体生态系统；取消地域界限；为社交媒体准备新的岗位；大量的获利机会。

图 2.27　Chrome 浏览器，2008

图 2.28　开心网，2008

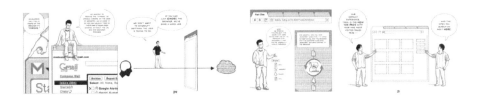

图 2.29　Chrome 浏览器性能漫画，2008

　　2010 年，Flash 走向终结。4 月，时任苹果公司 CEO 史蒂夫·乔布斯在苹果官网上发布了一封公开信《Thoughts on Flash》。在这封信中，乔布斯历数了 Flash 的问题：Flash 是一套封闭系统，存在严重的技术缺陷，不支持触摸设备，以及阻碍了苹果为开发者提供最先进、最具创新性的平台。这封信引发了一场巨大的"地震"，几乎一夜之间，Flash 成了一个坏词，开始被网站开发者广泛回避。随之而来的是 HTML5 的兴起，乔布斯在公开信的末尾提出，Flash 是在 PC 时代，为 PC 和鼠标创造出来的。如 HTML5 这样在移动时代中创立的新开放标准，将会在移动设备上获得胜利，在 PC 上也是一样。在这一年，谷歌成为 HTML5 的尝鲜者，它开发的 The Wilderness Downtown① （图 2.32）成为以 HTML5 技术为基础开发的第一个真正撼动 Flash 的网站，并使得谷歌正式成为十年来最大的游戏规则改变者。

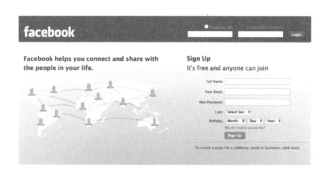

图 2.30　脸书（Facebook），2009

图 2.31　推特（Twitter），2009

---

① The Wilderness Downtown 是一个很酷的结合地图和音乐创造出来的互动式电影短片网站。这个由 Chris Milk 拍摄的基于 HTML5 的互动电影短片 "We Used to Wait"（加拿大独立摇滚乐队 The Arcade Fire 的歌曲）构成，超越 Flash/Java，非常强大。网站利用谷歌浏览器、谷歌地图、HTML5、街景，伴随着画面中歌手的奔跑，完美呈现 MV。打开 the wilderness downtown.com，输入你家地址，它会自动生成 MV。MV 全部由浏览器视窗组成，稍等片刻，它就会自动播放。整个影片由图片和事先拍摄好的 MV 片段，加上谷歌地图飞行模式遨游整个街景组合而成。片中奔跑的歌手会渐渐接近你家住址，最终跑到你的楼下。MV 播放中有片刻时间可以让你创建属于自己的明信片，在影片结束时支持分享和回应，让访客体验到了社交+LBS+HTML5 的神奇效果。

图 2.32　荒野城镇（The Wilderness Downtown），2010

图 2.33　Nespresso 咖啡展示网站，2010

　　2011 年，以 HTML5 为代表的新时代的曙光出现。网站设计的 Flash 黄金时代已经结束。HTML5 正迅速加快步伐，但创造力水平严重不足。在大多数设计师仍致力于静态滚动网页的时代，Wieden+Kennedy 在耐克 Better World 网站（图 2.36）中应用了视差滚动，效果令人难以置信。在此后的几年里，以动态方式设计网站大行其道，并出现了第一个专为手机设计的网页。网页不再仅仅是为个人电脑市场设计，而是更多地考虑智能手机和平板电脑的应用场景。新的设计技术，如响应式 web 设计应运而生，其目的是创建使用各种设备都可以轻松使用的站点。响应式设计最终导致了追求极简主义和有效性的扁平化网站设计，从 2011 年开始，网页设计进入全面发展的时代。

图 2.34 英特尔 The
Museum of Me，2011

图 2.35 耐克，2011

图 2.36 Marble Hornets
系列影片"I dare you"，2011

2012 年，Google Chrome 扩展程序重新定义 web 设计环境。Google Chrome
浏览器在 Google Chrome 22 Beta 版本中推出大量应用于网页制作开发的插件工
具（图 2.37、图 2.38），有效提高网页设计师或前端开发者的工作效率，2012 年
6 月份，Chrome 的全球活跃用户达到 3.6 亿，一举成为全球最受欢迎的浏览器。

图 2.37 谷歌，2012

图 2.38 Google Chrome 22 Beta，2012

2013 年，充满活力和新的兴奋。响应式设计、扁平式设计、视差滚动
（图 2.39）、无限滚动、CSS3 动画效果、超大按钮等新的设计样式不断涌现，
并为设计师广泛推崇，网页设计进入异彩纷呈的年份。

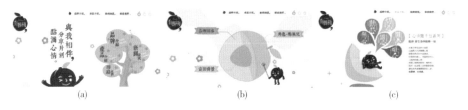

图 2-39 台湾"有颗梅"蜜饯，2013

2014 年，移动浏览器变得和台式机一样强大。2014 年 12 月底，全球第
三方移动浏览器市场中，来自中国的 UC 浏览器（图 2.40）达到 11.1%，位

居首位，来自挪威的 Opera（欧朋，图 2.41）紧随其后，Firefox（火狐，图 2.42）、QQ 浏览器（图 2.43）等位列之后。移动浏览器的不断扩大得益于手机用户的急速增长。

图 2.40　UC 浏览器，2020　　图 2.41　Opera 浏览器，2020

图 2.42　Firefox 浏览器，2020　　图 2.43　QQ 浏览器，2020

2015 年，个性化设计引领潮流。智能手机和电子触摸设备的应用普及化，电子显示设备的用途多样化，个性化信息需求日益高涨，个性化设计引领其网页设计的潮流。长滚动页面、卡片式布局、扁平化设计等适合智能应用设备与个性化体验的手法大行其道。Pinterest（图 2.44）、Behance（图 2.45）、花瓣网等均属于其中的典型代表。

图 2.44　Pinterest，2015　　　　　图 2.45　Behance，2015

2016 年，人工智能进入网站设计。被称为人工智能元年的 2016 年，人工智能开始进入各种领域，创作影片、流行歌曲、剧本、诗歌、小说等本领层出不穷。以 WixADI（图 2.46）、Grid 为代表的智能化网站设计平台开始出现，人工智能设计网站似乎已经不是什么难事了。在中国，阿里开发的鲁班智能设计系统，首次服务"双 11"，设计了 1.7 亿个网店 Banner（旗帜广告）。2018 年鲁班系统正式改名为鹿班（图 2.47）。

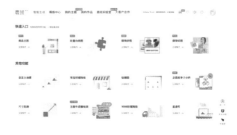

图 2.46　Wix ADI，2016　　　　　图 2.47　鹿班，2018

2017 年，扁平化网站的进化。网站扁平化从单一的极简设计逐渐向更注重趣味性和意义化方向过渡和进化，长投影、鲜明色彩与辅助色搭配以及简单页面与夸张的字体组合等多种特征逐渐凸显（图2.48）。尤其是令人愉悦的定制化字体、功能性字体越来越多地出现在网页设计中，让扁平化设计不再单调（图2.49）。

图 2.48　alchemy 数字设计机构，2017　　图 2.49　俄罗斯河谷地区宣传网站，2017

2018 年，网站设计进入新时代，智能手机已经超越了所有其他的上网方式，20 年前的 CRT 网络似乎成为一个遥远的遗迹。虽然有些人仍然渴望重复21 世纪初的那些令人兴奋的实验性工作，但我们不得不接受的是，网站设计的创新已经从基本的模板网站转移到更个性化的实景与动画完美结合（图2.50），甚至虚拟现实（图 2.51、图 2.52）和增强现实（图2.53）的领域上去。

图 2.50　One last beat 互动故事影片，2018

在 21 世纪的第三个 10 年里，网页设计将在 CSS3、HTML5 的技术基础上，更多地强调个性化风格，更好地适应移动终端的场景特征，更紧密结合虚拟现实、增强现实等新的媒介技术，确保设计风格的持续创新。未来可预见的趋势包括以下几个。

图 2.51　Cairo 虚拟现实设计商店，2018

图 2.52　海洋洋流 VR 网站，2018

图 2.53　BooksARlive 互动阅读，2018

（1）风格的日益多元化与不断的艺术创新。极简而大胆的版式、全屏的画面、个性化的插图、隐藏甚至消失的按钮、绚丽鲜活的色彩等个性化艺术风格会愈加明显，以风格吸引浏览者成为网站设计下一个十年的共同追求。

（2）更多的微互动。当鼠标滑过页面时，网站的按钮、卷叶等部分会呈现一些细微的响应式互动。但互动并不会一直持续，这就是微互动。微互动能够提示浏览者下一步的行动，并对浏览者的行动进行鼓励和指引。

（3）web VR 及 360 度视频的应用。随着 VR 虚拟现实技术的普及，越来越多企业会尝试将这些经验融入现有的网站创设中来，以期创造更具震撼力的 360 度视频，希望带给观众更独特的体验。

（4）视差滚动、响应式设计等将持续存在。视差滚动让多层背景以不同速度滚动，以形成一种 3D 立体的运动效果，给观者带来一种独特的视觉感。作为近年来网页设计中的一大突破，视差滚动在未来的十年里还将备受推崇。而随着多种媒介终端的融合应用，能基于终端尺寸自动进行页面调整的响应式网站未来会成为网站开发的标配。

3

形态问题

3.1　形态的特征

　　形态通常指某种特定的外形，即物体在空间中的特定形态。物体的形态特征是我们区别不同物体的依据，这里的形态概念既指设计物外形，也包括设计物内在结构，是设计物的内外要素的统一的综合体，构成形态的基本形式有点、线、面、体等。设计物的形态创造要善于运用变化与统一、韵律与节奏、主从与响应、过渡与均衡、对比与协调、比例与尺度、比拟与联想等多种造型手法，以达到传达视觉信息的目的。这些形式的规律与人的心理认知息息相关，人们通过视觉感知器官感受设计的规律性，体验美的感受。

　　在网页设计过程中，形态是设计师首先要考虑的问题。形态可具有任何形状，其大小由设计师决定。形象可以细小如点，也可以拉长而成为线，或者延展变粗而成为面。所以点、线、面是形态的三种基本要素。

　　点是细小的形态，"所谓细小是相对的概念，同一个形态在细小的构图中可以显得很大，在巨大的构图中会显得很小"①。除了形容"点"为细小之外，点并无其他特征可言。一个形态被称为点，并不是由"点"的自身大小决定的，而是由它的大小与对比物的大小所产生的比例决定的。"点"通常具有圆形的特征，简单、无棱角、无方向。不过"点"也可以是方形、椭圆形或其他简单的形状。它们也可以相连或排列成线，或组合成较大的形象。

　　在网页设计及更广泛的视觉传达设计中，点的表现形式有等点图形、差点图形、网点图形等（图3.1、图3.2、图3.3、图3.4）。等点图形是把各种形状相等的点，按照一定的规律组合成为各种各样的物象图形，相同的点、

---

　　①　彭慧. 平面设计教程［M］. 天津：天津人民美术出版社，2001：8.

相同的规律，组合产生的图形就具有了极大的震撼性和影响力。差点图形是由形状、大小各不相同的点组成的多样的物象图形，大小不同的差点的移动会产生线，点的聚集又产生面，面化的差点会给人以前进或后退的三维立体感觉。网点图形是由各种不规则的点，按同一规律产生间歇重复、增长或减少，进而组成各种物体图像。在现代网页设计中，设计者利用点的结合、分离、重新结合构成了丰富的图形，颠覆传统的构形方法，产生强烈的视觉冲击力，形成各种具有个性的设计风格，使丰富性、复杂性共存于网页设计作品之中。

图 3.1　美国运动营养品牌索恩，2019

图 3.2　消失的城市——
　　　　珊瑚的故事，2019

图 3.3　美国绿色产品认证
　　　　机构 LeafWorks，2019

图 3.4　瑞典创意机构 Animal，2019

　　线是长的形态，形态的长与宽比例形成差异进而成为"线"。"线"的形象可以从三个方面分析，即"线"的总形、"线"自身的形、"线"两端的形。"线"的总形是指线大致的形状与方向，"线"可以是直的、弯的、曲折的、不规则的，或用以界定形状的边缘。"线"自身的形如何，必须通过仔细观察才可得知。如果"线"是可见的形,那么"线"自身必须有两个边缘,这两个边缘的形状与他们彼此的关系决定了"线"自身的形,而"线"自身的形可以是一样的、渐变的、断续的或不规则的。

在网页设计乃至更广泛的视觉传达设计中,线有着非常重要的作用。线的运动自由、变化丰富、表现力强,是设计师经常使用的形态语言。线条可以表现不同的创作情绪与艺术风格,或庄重、或安宁、或柔美、或明快,现代设计中,尤其青睐简洁明快的线条。

线根据形态不同,可分为等线图形、差线图形和屏线图形(图3.5、图3.6、图3.7、图3.8)。等线图形是粗细相等的线,按照统一规律或不同规律组合排列,成为多种多样的图形。直的等线组合可以展现强壮和平稳,曲的等线组合可以展示温柔和动感,不同方式的等线排列组合,有单纯、醒目、吸引人注意的特点。差线图形是用各种不规则、粗细不等的线排列、组合构成各种物形。把平等的直差线密集地排列,可以展现面的特征;把曲差线按一定的规律组合,可以表现曲面感和空间感;把直差线和曲差线

图3.5 彩妆艺术工作室 Evagher,2019

图3.6 马来西亚 R·A 设计工作室,2019

图3.7 品牌传播机构 Ringba,2019

图3.8 第四届 ContraryCon
国际会议,2019

穿插排列，还可以构成更复杂的图形。差线图形不仅是无形的外轮廓和面的边缘的表现，更是对物形的结构、运动、节奏、空间等因素的综合表现。屏线图形是线从一端到另一端的过程中，断续变粗或变细排列组合成的各种物体形态。屏线排列的图形，可以表现出图形的层次感，更能表现动态的效果，给人以愉悦感和速度感，甚至表现出三维立体物形的动感效果。

在静态的平面设计里，凡是不认为是"点"或"线"的形态，都认为是面，在网页设计中，除去动态的影像元素，我们也可以认为除"点""线"之外的形象，都当作"面"来看待。面的形状多种多样，有用直线随意构成的直线性面，有用自由度弧线构成的有机性面，有用数学方式构成的几何性面，有用自由弧线和直线随意构成的不规则性面，有用特殊的技法偶然获得意外的面，也有不用任何仪器辅助徒手而画的面。

图 3.9　澳大利亚慈善机构 carbon8，2019

图 3.10　英国数字营销机构 Aquamarine，2019

　　在网页设计乃至视觉传设计中，面的大小、长宽、任意形象构成不同的画面。在设计过程中，设计师都在有意无意地进行着"面"的组合和创造。"面的构图、分割、实面和虚面的布局决定着设计作品的优劣"①。面的形态有着强烈的整体感和刺激性，是设计的重要语言之一。

图 3.11　氧气饮料产品 EI8HT，2018

图 3.12　QR 码网络支付系统 Mogney，2018

3.2　少就是多

　　现代主义建筑大师密斯·凡德罗一生致力于功能主义与实用主义建筑形态的主张与设计，"少就是多"即密斯设计思想的突出体现。面对封建建筑的砖石、吊檐以及哥特尖塔和拱门，密斯勇敢地启用钢铁与玻璃幕墙，用极简主义的建筑观念撑起了国际主义的流行风格。"少就是多"代表的就是以简单

---

① 彭慧. 平面设计教程［M］. 天津：天津人民美术出版社，2001：10.

设计理念造就完美实用设计作品。相比较建筑，可以存在于网络媒体中的数字信息更是浩瀚无比，"多"已不是网站建设引以为豪的优势和特长，如何在"少"的形式下展现"多"的内涵成了网站设计的难点与亮点所在。

　　设计师实现网站设计"极简"的策略多种多样，内容元素精简大概是最直接和最容易的方式。2002年，法国年轻的互动设计师桑德（Sander Voerman）创建了一个像素的网站 onepixelwebsite.com（图3.13、图3.14）。正如这个网站的名字一样，打开网站，你能也只能看到漆黑一片的页面中间微弱地闪烁着一个白色的像素亮点。其实这个闪烁着的白色亮点是在以摩尔斯密码的方式传递一句诗"What hath God wrought"（上帝所做的）。Sander Voerman 意味深长地解释说，如果一个像素能传播一句诗，那想象下成千上万个像素可以做什么吧。

图 3.13　一个像素的网站，2002

图 3.14　一个像素的
网站（局部），2002

　　也许你认为一个像素的网站过于极端，那下面这个网站或许更能展示少与多的辩证关系。英国皇家艺术学院的高才生阿兰（Alan Outten）设计了 guimp. com 网站（图3.15、图3.16、图3.17）。网站所有内容仅是页面中间一个18×18像素大小的方块。但这个方块里却集合了弹球、乒乓球、贪吃蛇、足球等数个小游戏，每个游戏还都配有不同的音乐，娱乐性和动感十足。同时方块里还设置有数个网站链接、几十幅 gif 动画图片和数张世界名画，甚至还设计了 Google 站内搜索功能。这个"麻雀虽小五脏俱全"的网站在推出的第一年就获得了500万次的浏览量，被英国的《卫报》和《镜报》称为天才之作。

图 3. 15　Guimp，2011　　　　图 3. 16　Guimp　　　图 3. 17　Guimp
　　　　　　　　　　　　　　　　　（局部），2011　　　（局部），2011

　　上面的两个例子或许都有讨巧之嫌，毕竟网络上的大量站点都肩负着各自特殊的实用信息的传播功能，但就设计与创意来看，他们对简单主义的倡导却是异曲同工。从 printfriendly. com 网站（图 3. 18）就能看出人们对于信息获取与传播简化的渴望是多么强烈。网站的最大功能是帮助浏览者自定义打印网页内容，进入网站后，你只要在输入框中输入你要打印的网址，网站就会自动将要打印网页中的广告与装饰去掉，仅保留文章部分。你甚至还可以通过轻松点击鼠标的方式以段为单位对文章内容进行再次删减。

图 3. 18　自定义打印网页，2012

　　很显然，内容的简洁化和强烈的针对性是实现网页设计极简化的很好途径。日本著名服装品牌优衣库将服装展示同电脑时钟创造性地结合起来，开发设计了令全球年轻人疯狂迷恋的"美女时钟"网站（图 3. 19、图 3. 20）。每隔 5 秒钟，网页内容就会从穿着优衣库服装的跳舞少女与变化的电脑计时钟之间转换一次。网站将表演、音乐、舞蹈、服装等完美融合起来，形式与创意简单，但内容却极为丰富。Uniqlock 网站不仅赢得了大量的消费群，更为优衣库拿到了包括戛纳广告节在内的多个广告节大奖。

图 3.19　优衣库美女时钟，2012　　　　图 3.20　优衣库美女时钟（屏保时），2012

即便网站传播的内容不像上面提到的例子那样单一和纯粹，但只要网站主题明确和统一，照样能够实现简单化的网页设计。试想没有纷乱的主题和芜杂的信息，只有统一的概念和意图，这样的网站视觉观感和浏览体验自然不差。2011 年香港最佳网站设计得主的"忧郁小王子之路"（图 3.21）就是这样的经典作品。网站是香港大学与香港赛马会慈善信托基金合作展开的抑郁症患者救助与治疗公益项目的一部分，网站构拟了"忧郁小王子"这样一位患者形象，并以手工插画的方式绘制"忧郁小王子之路"作为网站主题结构，内容涉及了抑郁症常识、自我评测、药物治疗方法、自我治疗、寻求帮助以及战胜抑郁症等众多内容。网站插画风格典雅华美，透露着一股淡淡的宁静和战胜困难的信心与勇气，尤其是听着网站似乎从古典音乐盒中散发出来的清脆悦耳的声音，那份复杂丰富的感觉涌上心头，让人难以言表。

图 3.21　忧郁小王子之路，2012

除此之外，大幅面的单一色彩系统也是极简网页的重要特征。网站大面积采用某一色彩或临近色彩，造成画面的纯粹和统一，视觉刺激极为强烈。色彩的统一避免干扰浏览者对网站内容的关注，并使页面的干净利落，别有一番风格。伦敦一家名叫 Shelton Fleming 的活动创意与展览策划机构的网站（图3.22），黄色与灰色作为网站仅有的两种色彩，分别引导了关于公司 Idea（理念）和 Experience（实践）两部分内容的展示。Baigorri 是西班牙里奥哈地区最有创新精神的葡萄酒厂（图3.23），灰色混凝土图案构成了网站的突出色彩基调，现代、干练、纯粹，同葡萄酒倡导的高品位、时尚一脉相承。

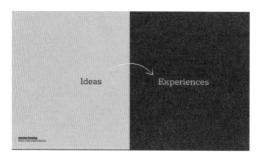 

图 3.22　伦敦创意公司　　　　图 3.23　西班牙 BAI
Shelton Fleming，2012　　　　葡萄酒，2012

相对于对简单主题与色彩等单一形式元素的偏爱，网页设计中强调整体感和完整性也是体现简单化的不错选择。在主页面链接内容设计中，打破规则的横式或立式排列，将其融合到一张图片上来，保持了网页的系统性和流畅性，减轻了浏览的负担和寻找的压力，让人一目了然。图3.24是一个名为 The Graphic Tree 的设计机构的网站，网站设计了一棵 "Graphic Tree" 置于页面中央主体位置，腾云的小人随着鼠标移动上下左右飞行，一步步进入树中浏览设计机构的各个作品。网站构思简单，主体内容突出醒目，飞行小人的设计奇妙而有趣味。

图 3.24　动画设计机构 The Graphic Tree，2012

如果说以上只是关注个人电脑媒体上的网站设计的话，那随着各种数字移动设备的普及，人们更加渴望同一信息来源从 PC 到智能手机、平板电脑的无障碍阅读与获取，我们希望对同一网站在不同大小的屏幕上获得统一流畅的视觉体验。于是适应性又成了网页设计简单化在当下最为迫切和与时俱进的需求。这种适应性要求网页内容布局能随用户使用显示器的不同而变化，比如让原本 1292 像素宽，四栏的内容，能够很好地显示在 1025 像素或者其他尺寸的用户屏幕上，同时还能自动简化成两栏甚至一栏。源自 webdesigner-wall. com 的一篇文章中称：相对于一种设计趋势，它更是新的设计解决方案——它有助于解决设计中面临的不同分辨率和使用终端的问题，如台式机、笔记本、平板电脑以及智能手机的统一显示问题。"Londonandpartners. com" 是伦敦和他的伙伴——伦敦市官方推广网站（图 3.25），网站在三种不同终端上呈现出不同的显示效果，绝大多数适应式网站在显示变小后都会隐藏部分内容，而该网站却保留所有内容，这说明即使看起来内容非常丰富的网站也可以轻松地做到简单化。随着国内人群对数字移动设备的大量使用，笔者认为适应式网站未来会成为国内网站设计的第一选择。

图 3.25 伦敦和他的伙伴，2012

在网站造型方面，有大量网站的页面设计遵循了简洁的原则。日本有一家名为 Information Architects 的信息设计公司（图 3.26），其网站仅仅使用了红色和黑色两种颜色，页面无任何底纹和花哨的效果，传统又简单的印刷字体，无处不透露着对于极致理性的倡导和追求，反映了其将信息设计技术与建筑设计理念的完美融合。同时，这个网站也是很好的适应性网站。悉尼麦考瑞大学绿色校园计划网站（图 3.27）是一个以低碳环保出行为目的的绿色校园推广网站，淡淡的蓝色背景上一张圆形的立体校园地图，绘画风格的地图充满着温馨和情趣。校园内各个节点的绿色出行策略都一一展现在这张小小的地图上，简单明了，又别致实用。丰田汽车台湾地区官网汇集了丰田 11 种车型购买、用车服务、汽车性能等多方面的展示。网站结构简单明确，条理清晰。网页背景根据各车型主色调与品牌形象配以不同的颜色，如新凯美瑞为黑色，雅力士则为紫色。网站左侧模拟汽车点火按钮，打开后，右侧模拟汽车电脑显示面板依次竖形编排"车款展示厅""购车咨询处""车主贵宾室""未来生活馆""焦点活动馆"等内容，浏览简单方便，视觉体验良好。"您的一票决定爱的力量"是台湾地区公益机构公益提案资助票选网站（图 3.28），淡淡土黄牛皮纸背景上众多红色剪纸样式的动物图形、人物图形构成首页，并组成心的图案，简单而又充满温暖的力量。首页 flash 之后的主页仍是干净的牛皮纸背景，代表各种公益提案类别归属的"老人照顾""少儿福利""身心障碍""弱势团体"等剪纸人物图形在页面中部依次排开，主题明确，趣味十足。腾讯微博"大大世界、小小心愿"活动网站主体为三株随风摇曳的蒲公英，微博网友许下的每一个心愿都是蒲公英的一粒种子，随时可能随风而走，将心愿传遍每个人的心间。网站色彩淡雅，主体内容突出，浏览体验轻松惬意。

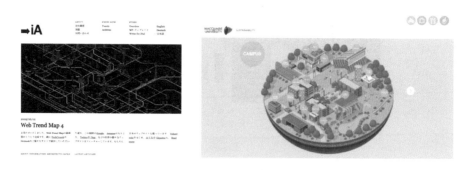

图 3.26　日本信息设计公司　　图 3.27　悉尼麦考瑞大学绿色校园计划，2012
Information Architects，2012

图 3.28　您的一票决定爱的力量，2012

　　无论内容精简、主题集中、少量色彩还是强调网页设计的整体性与适应性，都体现着浏览者对网络阅读的便利、快捷和舒适体验的要求，以"少"见"多"，以简单设计表现传递丰富信息内涵应该是未来网络设计的发展趋势与辩证要求。

3.3　网站导航设计的新个性

　　现代社会，网络正在越来越显著地改善和影响着我们的生活：我们在网站上可以获取新闻、同朋友沟通信息、参与各种娱乐交流、购物办公甚至足不出户地完成生活中所有的事务。各色网站成了我们最密切的朋友，我们不停地在浏览、阅读、接受、参与、发表与传播。正如行走在城市中需要交通指示、阅读报纸杂志需要目录指导一样，人们同网站的接触也需要导航系统的精确指示。

　　对于网站来说，导航系统既是其结构设计的骨架和节点，是网络信息内容的动线指示，又是网站形象的"睛"，是网站个性特点的重要体现。导航系统显著地将网站同一般印刷品区分开来，"超链接"的特质使得网站信息内容无限增大，并以"咔嗒"点击轻松消除了报纸、杂志、图书阅读中大量存在的物理动作，信息的阅读效能被迅速扩大。导航系统的意义之大，以至于我们都有点忽略它作为网络形象重要元素的视觉与艺术功能了。在浩瀚的网络世界里我们流连于那些千篇一律的规整而古板的导航按钮之间，不知道你是否也会偶尔有些小厌倦？这些无法让我们兴奋和激动的导航系统有着鲜明的规律和统一的特征：永远处于网站的最上方或最左方；文字构成导航按钮的主体形式；整齐的横排或竖排布局；毫无差别的字体或图像样式；与网站其他内容截然独立等。这样的导航系统设计比比皆是，大到综合门户，小到个人站点（如图3.29）。毋庸置疑，这些导航设计在引导访问者了解网站内容方面起到了至关重要的作用，通过主导航、子导航、更次级导航之间阶梯式的导航关系（如图3.30），设计者实现了对信息量的层层控制和有序传播。在这里，导航系统体现在视觉上的形式、色彩不是最重要的，指示功能被彰显，而艺术创意被忽视。

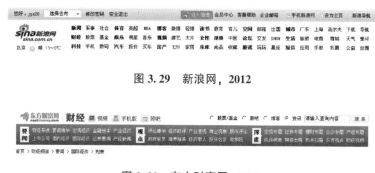

图 3.29　新浪网，2012

图 3.30　东方财富网，2012

为什么我们一定要谨守这样的窠臼与俗套呢？网站设计为人称道是因为它是信息传播、技术条件与艺术创意的完美统一。如果说以往的导航系统设计受限于网站设计技术力量和网络艺术形象创意乏力的话，那随着HTML5、CSS3等新的网站设计语言的不断完善和突破，加之访问者对网站浏览体验的更高追求，多元化的网站导航系统应该成为未来网站设计的趋势之一。而且，这种追求多样化与个性化的网站导航系统至少在感性与理性两个方面要有新的创意形式与价值体现。比如导航系统是否能够帮助访问者获得更生动、趣味的浏览体验：在网络信息获取效能无法进一步提高的前提下，感性的浏览经验更加完美将成为网站比拼的另一个核心；再比如导航能否实现对信息内容重要程度的指示，在设计创意时是否可以通过诸如色彩、形态、大小、位置的变化彰显网站各种信息内容的不同地位。

为实现这样的新意义，多元化的网站导航系统首先要改变的是导航的位置。没有谁规定导航必须或只能出现在网页上方、左方，或者只能规整地横向或竖向排布。在艺术创造面前，一味强调所谓视觉流程会埋没许多艺术创新和伟大创意。维基百科率先突破网页分栏的传统，把首页版式设计成圆形，让所有导航以放射形式围绕页面中心图形排列（图3.31）。在有着大量留白的单纯页面空间中，这种中心放射式的导航排布更符合人们的视觉习惯，更能抓住浏览者的视觉中心。美国电影《誓不忘记》官方网站也采用了这种将导航至于页面中心的设计方式。这个略带宗教和复仇味道的惊悚电影，其网站导航系统采用的是骷髅、死神、怪兽、雄鸡、心脏等充满神秘色彩的卡片，鼠标掠过，一股烈火从卡片中升起（图 3.32）。即便我们不彻底改变导航位置，上方与左方依然可以设计出有更有意味的形式。美国运动头盔品牌 bern 的网站（图 3.33）中那两张撕开的纸板就很有感觉，网站导航沿着纸板撕开的边缘起伏变化，活泼生动，感觉奇妙。

图 3.31　维基百科，2012　　　图 3.32　美国电影《誓不忘记》，2012

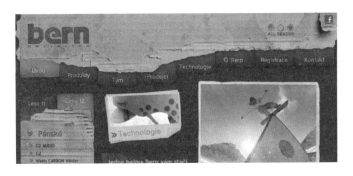

图 3.33　美国头盔品牌 Bern，2012

　　导航系统设计的另一个趋向是提升导航本身的指示价值：因为位置与面积的变化，导航可以暗示和指导网站访问者甄别与确定重要信息，更进一步提高信息获取效率。Healogix 是全球制药和生物技术领域内知名的咨询和研究机构，其网站（3.34）首页上方的导航内容包括了公司宗旨、专长、优势、团队、业绩、展望、出版以及联系方式等诸多内容，而在页面中部则又设计了"when""what""why""who"四项导航内容，分别重点阐述公司宗旨、专长、优势和团队，重复导航内容突出了访问者最关心的内容，提高了网站信息传播的效率，方便了客户浏览信息。

图 3.34　医药行业咨询机构 Healogix，2012

　　个性化的导航设计不仅是独立于页面内容之外作信息指示的媒介，更可以成为信息内容的一分子，成为网页视觉美的核心力量。这些导航支撑网页主体，实现网页艺术美感。传播与设计机构 PolarGold 的网站就像是其名字"极地黄金"一样，充满了极地风景的游离和迷幻，深蓝的夜空，偶尔有极光在导航字母间掠过，散发着无穷的神秘的味道，而在白天页面则会变为一望无垠的冰天雪地场景（图 3.35）。当然我们也应该承认，当网站信息量极其浩大的时候，仍旧执意追求个性化与形式化，反而会给访问者浏览网站造成不必要的干扰和麻烦，页面排版也会杂乱不堪，比如很难想象新闻网站会使用放射式的导航排布。所以正确认识导航形式与网站信息量、传统导航与个性化导航之间的关系很有必要。对于网站设计来说，在保证信息浏览充分、简捷、迅速的前提下，应该强调浏览体验更舒适、更趣味化。综合各方面信息，我们觉得网页艺术设计的技术条件已然具备，虽然倡导个性化导航设计取代传统导航形式不可取，但面向特定浏览者的特定网站，其导航设计作适度多样化艺术创意将是现实趋势。

图 3.35 德国传播设计机构 Polar Gold，2012

其实，除以上所分析的例子外，很多网站在导航设计上都有一些小的心思与创意。GENES 香肠店网站（图 3.36）的导航系统虽在位置设计上并无突破，但其颇有新意地采用了有无衬线以及印刷、手写各异的八种不同字体设计导航形式，导航编排规整清晰，但字母间距却又各不相同，整体来看很像一块挂在店内的香肠品类清单广告牌。还有一家位于印度新德里的网络形象设计工作室 Eye Bridge（图 3.37），它的网站导航位于页面最上方，同 logo 并排排列。但其导航形式采用的是立体与活动的图像：悬挂在墙上的工具箱、咖啡杯、马灯、切割工具等，别有一番味道。雪弗兰 Navo S10 新款汽车形象网站就像是一本 S10 的海报集或画册，网站上方导航更像是内容链接，尽可能少地占用页面面积，削弱导航对于画面美观的影响。汽车画面的某些局部以圈点按钮的方式设计内容导航，鼠标移至该位置时圈点才变大，并显示文字导航。Tamron（腾龙）镜头的多国海岛摄影游戏体验网站的上方导航简单，仅有选择不同国家岛屿、邀请朋友和游戏提示三项内容。其他重要导航则放到了页面的海岛之上，根据景色不同设计不同游戏环节，体验腾龙镜头的优良性能。韩国游戏公司 Ginno 的官方网站的导航位于网页左方通栏，是传统导航设计中少有的简洁、干净之作，导航系统占有了网页近 1/5 的面积，亮丽的黄底色配以黑灰字体，以及大面积留白，极力凸显导航在网页中的地位，颇有杂志的风格。

图 3.36　GENE'S 香肠店，2012

图 3.37　印度网络设计工作室
Eye Bridge，2012

3.4　手写字体的"网络春天"

　　文字是人类使用最早也是最广泛的有明确意义的完整化、规则化的符号系统。自从文字出现，书写便同人类的创造、艺术、思想情感等内容融合在一起，成为人类表达自我、传播观念的重要形式。不同的笔迹更是渗透着书写者不同的心理状态与思想秉性。然而，随着印刷术的发明与人类传播需求的不断扩大，规范的印刷字体慢慢取代了人类手写，成为效率更高、成本更低的传播方式。以至于到了现代传媒与 Office 软件时代，除了人们的签名，以及一些商业印刷媒体，如商业海报、传单，还将手写字体作为标题、口号等量少精干的核心内容呈现外，在大众传播领域上已少有可寻。

　　庆幸的是，当代网络媒体的繁盛与人们对于传统文化美的碎片化、多样化、个性化需求又唤醒手写字体的新的春天——以手写字体为传播载体与表现形式的网站新媒体不断涌现。字体、标志与插图是网络设计的三个基本要素，而字体首当其冲，是最基础也是信息传达最直接的视觉形式。网站作为虚拟形式，不占有现实物理空间，因而也就不存在大规模传播的成本问题，再兼之手写字体突破了印刷字体的统一规范样式，能够拓宽和丰富网站设计的视觉元素，使得视觉界面更活泼生动，充满趣味性和故事性，因而也受到设计师，包括网页设计师的青睐。

　　我们知道，手写字体作为个性化的传播形态，蕴含了某些鲜明而独特的个体特征，进而能够使网站设计亲切感更浓、对象性更强、主题传达更突出。"AdventureHere"（图 3.38）是美国加利福尼亚一家健身训练培训机构。这家以女性为主要服务对象的健身机构提供个人培训、产前健身、户外训练、营养咨询等多项业务。网站导航、健身者自述、重点项目等内容均采用了手写字体，而且是清晰娟秀的女性硬笔手写字体。这些字体同复古的打字机字体、微软系统 Arial 字体一起构成了一个丰富多彩而又充满层次性的文字组合画面。为了增加字体表现的趣味性，网站还别有新意地将手写内容撰写在一张张撕开的纸片和不干胶条上，透露出一股子轻松与闲适，也迎合了女性浏览者的心态。巴西有一家叫"辣椒"的以建设和运营电子商务平台为专业特长的营销公司（图 3.39），其网站在创意时围绕"辣椒"的主题设计了"厨房"的形象——以"厨师做菜"比喻电子商务平台建设与管理，以写满粉笔字菜名的小黑板作为介绍公司业务方向的导航栏。斜挂在墙上的小黑板上用粉笔密密麻麻地写着"产品管理""营销管理""收支管理""物流与交货""SEO搜索引擎优化"等内容。主页之下的"配料"页面同样延续了这样的创意：占满了整个页面的告知板，醒目而整齐的手写粉笔字大小标题，简洁而明确的手绘指示图形。

图 3.38　美国健身培训机构 Adventure Here，2012

(a)　　　　　　　　　　(b)

图 3.39　巴西"辣椒"（Chill）电子商务平台，2012

　　手写字体不仅可以作为网站导航、页眉页脚或者网页内容关键点出现，它甚至会是网站文字的全部。丹麦艺术家 CARL KRULL 的个人网站（图 3.40）是由手写文字和大量手绘图形组成的网站。艺术家本人就极度热衷铅笔手绘创作，网站则展示了艺术家包括大型绘画、地坪画、壁画、屋顶绘画等在内的大量作品及当时的创作情境。页面上的手写文字也以铅笔写就，笔迹随性自然，洒脱而飘逸，体现着艺术家本人追求原始和本真的性格特征，也契合了网站展现艺术家独特绘画风格的主题。在这一方面，中文手写字体最有说服力。甲骨文的秀劲、金文的浑穆、小篆的柔和、楷行的遒健、草书的飞扬都在展现不同的书写个性，即使同为楷书，也有"颜筋柳骨"的个性之别。不过，让人有点遗憾的是人们虽然对中文手写字体的研究很多，但大多为图形设计之需，或者作为网站 logo 和标题出现，能够恰当、和谐地在网站页面上较大规模地使用独立创作的、有个性特点的、而非出自中文字库的手写字体的网站设计还较少。

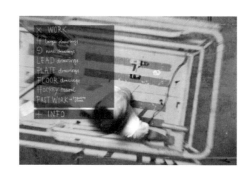

图 3.40　丹麦艺术家 CARL KRULL 个人网站，2012

　　手写字体在网站设计中经常同插画图形结合起来使用，或者手写字体本身就是图形的一部分，以制造浪漫、幻想的氛围与情调，与儿童有关的网站就经常这样做。这不仅跟浏览者——少年儿童的知识储备、识字认字的学习经历以及兴趣爱好有关，更重要的是手写字与卡通式插图的结合让儿童感觉更为亲近和自然，网站风格也更加活泼生动，更能达到深入沟通的效果。

　　最近关于手写字体消亡的新闻很多，德国和中国的多家媒体也先后推出了多期以纯手写字体为主的出版物，以提醒人们不要忘记这个古老的创作，鼓舞人们在数字化的世界里追寻更个性、更美妙的视觉体验。其实，我们认为手写字体同印刷字体并不矛盾，在现代印刷与多媒体网络设计中，借助计算机技术，设计师可以将许多新的书写形态创造成数字形式，这里面就包括了很多个性化与活泼生动的手写字体。当然我们也有理由担心，手写字体因为同书写与传播环境有很大的关系，一旦一个手写字体成为字库，其身上所承载的独特个性是否也会随之淡化甚至消失。

　　手写字体在网页设计中的应用较为广泛。书道网（图 3.41）是一个专为 IE9 用户设计的在线练习毛笔字的 HTML5 准游戏网站。别的网站在使用手写字体进行设计创意，这个网站却是在"创造"个性化的手写字。桌面上笔墨纸砚齐全，写出的字也有模有样，虽然鼠标无法完全展现书法用笔，但外国人的这份苦心还是很让我们感动。设计师 Christian Sparrow 的个人网站（图 3.42）被设计成速写本的封面，灰黄的纸张隐约透出一只停立枝头的小鸟的造型。画面视觉中心是位于右侧悬着的一窝鸟蛋，设计师自我介绍的三段手写文字在鸟窝左边呈弧线排开，下面则衬着简单的速写涂鸦图形。美国康奈尔大学 Manndible 咖啡厅的网站（图 3.43）导航采用了质朴流畅的英文手写字体。在一个印刷字体充斥的页面里，偶尔出现在重点位置的手写字无疑可以增加人们的视觉注意度，并引导人们关注网站的核心内容。该网站中的手写字体同页面左侧的手绘插图结合，别有一番味道。英国插画艺术家萨拉·雷的个人网站（图 3.44）的标题、导航和页脚都是充满卡通味道的手写字体，导航更是一条卡通毛毛虫的一部分。粗细不等的黑色笔迹同简单的线条插画组合在一起，让人觉得整个网站就是一幅充满意境的插画艺术作品。韩国流行化妆品品牌 Thefaceshop 的官方网站（图 3.45）设计为一本打开的记事簿，本子的每个标签指向网站的一项内容，每项内容的标题都是韩文手写字体，而网站导航则是英文手写字体。洒脱随意的手写字体很好地迎合了产品的天然诉求，该品牌在韩国有"自然主义化妆品"之称。

 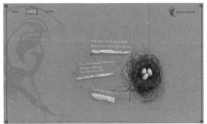

图 3.41　书道网，2012　　　　　图 3.42　设计师 Christian Sparrow，2012

图 3.43 美国康奈尔大学
Manndible 咖啡厅，2012

图 3.44 英国插画艺术家
萨拉·雷，2012

图 3.45 韩国化妆品 Thefaceshop，2012

不管如何，我们相信手写字体未来仍将是人类文明传承的重要工具与形态，哪怕是数字技术全面而成熟、传媒形态丰富得让人无法想象，书写字体仍然会顺应新的传播环境与技术趋势，以其独特的个性化、生动性与活泼性的优势，不断地影响着艺术家、传播者以及普通受众的工作、娱乐与生活。

3.5 小图标 大性格

网页图标是网站视觉系统的重要组成部分，无论是作为网页有机内容之一，还是作为独立的平面图形，图标的作用都日渐显现，并越来越受到视觉传达设计师的重视。现在几乎每一个网站都有至少三个以上的图标存在，有的高达几十个，甚至有些网站完全以各种图标构造自己的主页并引导传达内容。

网页图标一般都较小，并可能出现在网页的页首、页顶、页尾、页中、页角等任何位置。网页图标的形态也各不相同，可以是单纯的具有指示性质的图像，也可以是艺术化了的文字标题，或者是图像与文字的组合。就其功能来说，有的担当导航的性质，即图形导航；有的指示某项操作，如新闻页面的社交媒体转发按钮；有的显示某种状态，如淘宝商户的星级评价。本书提及的案例多为导航性质的图标，这类图标在网页中的位置比较明显和突出，设计师对其艺术性和表现力的考量也更为用心。

网页设计中图标的设计手法不一，可以具象，也可以抽象，可以是实物指代，也可以艺术象征。韩国 GS 集团（图 3.46）是一家大型控股企业集团，其业务覆盖了炼油、IT、铁路通信、无线设备、网络建设、建筑自动控制、企业管理咨询、电气、机械、清洁能源、污水处理等。网站在介绍这些业务内容时，分别用导航图标进行了一一对应：炼油为实验室仪器瓶，IT 为电脑服务器，铁路通信则是形象的火车头，无线设备用手机代表，网络建设则是可视电话，建筑自动控制是一堆积木，企业咨询则是拼图，电气是正在充电的电容器，机械业务用齿轮和扳手代表，清洁能源是生长出绿芽的节能灯，污水处理是红绿蓝三色循环的标识。这些图标或用具像图形模拟和指代，或用抽象图形隐喻和象征。这些图标，不仅作为导航内容的有效补充，丰富并个性化了网站内容的传达，而且本身就充满了艺术美感和丰富内涵。它们在色彩上沿用网站文字的蓝色调，呼应并强化了网页的整体艺术效果；在布局排列上，这些图标沿网页左侧自上而下呈弧形展开，版面审美效果突出。

图 3.46　韩国 GS 集团，2012

一个成功的网页图标起码要满足三个条件，一是图标本身具有艺术设计的美感和新颖性；二是图标设计应用能够满足网站的沟通与交流需求；三是网站图标体现或深化了网站的艺术特色与设计个性。这三个条件体现从小到大、从单独表现到整体感染的提升过程，分别代表了对网页图标个性形象、功能价值和审美意义的不同层面要求。而网站图标区别于单纯美学意义上的图像的主要原因则是后两者：图标能够直观形象地实现超链接的功能，适应网站环境的要求，进而展现网站设计本身的艺术性格。

Trifermed 是一家位于西班牙的全球医药顾问机构（图 3.47），专门负责医药新品研发与医药品营销。这个公司网站的首页最醒目的就是八个导航图标，分别是灯泡代表公司理念、表盘代表公司历史、咬合齿轮代表公司服务项目、地球仪代表服务客户、盾牌代表公司团队、握手代表合作方、报纸版面代表公司新闻、气球代表社会活动。这些图标与内涵的对应新颖而巧妙，图标本身的设计也极具心思：蓝色页面背景上的白色线条简单而拙朴，图标外围置深蓝圆圈，将图标同背景区别开来，整齐又不单调。以图标为主组织网站页面，条理明晰，清爽单纯，让人耳目一新。

图 3.47　西班牙医药顾问机构 Trifermed，2012

干净条理的图标设计与布局让人印象深刻，看似杂乱无序的图标页面有时也别有风味。纽约现代艺术博物馆 2012 年组织了一场名为"儿童的世纪"的设计展览，展品是 1900—2000 年全球范围内跟儿童有关的各种设计，包括海报、摄影、杂志、家具、服装、玩具、学习用品、卡通形象、儿童游乐场、建筑与环境装饰等。现代艺术博物馆为这次展览设计了一个网上展馆（图 3.48）。该网站主页由一堆貌似随意排布的图标组成，其中一类是规则的导航图标，位于网页中间部分围绕行走的儿童侧面身影呈圆形展开，其形象为蓝、红、黄、绿等不同色彩的圆形色团，圆团内的不同数量的点代表了不同年代阶段和时间顺序。另外一类则是不规则散列在页面里的指代不同设计作品的超链接图标，这些图标或为抽象的色团，点击时呈现内容；或为直观的设计作品，鼠标滑过时由虚变实。两类图标组合在一起构成整个页面，表面上杂乱无规律，其实呈现在网页外侧的作品图标同内圈的年代图标在位置上遥相呼应，只是这种呼应并不是通过明确的线条一一连接而已。这种看起来无序的排列组织样式透出一股子活泼与轻快的气息，进一步深化"伴随儿童成长的设计"这一展览主题。

图 3.48　"儿童的世纪"设计展，2012

网页中的图标设计未必一定要形态多样，有时单一图标的重复使用也可能会造就不一样的传播意义和艺术效果。Universeries 自称是美国电视节目第一网站（图 3.49），这是第一个全面展示美国电视制作人个人经历、作品以及他们之间相互影响的谱系关系的网站。网站创设了一个 3D 的宇宙环境，宇宙中布满了代表电视节目制作人的"正三角二十面体"图标。150 个二十面体按照"家族""节目形态""节目名称"等不同的分类相互联系，构成了一个庞大而复杂的关系网络。"二十面体"的图标虽然造型简单，但它在网页中不断运动，并重复出现，很好地展示了 HTML5 网页设计使静止的数据

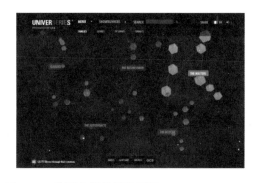

图 3.49　美国电视节目谱系网 Universeries，2012

变得更加活泼与有趣的独特效果。这个网站更像是一个美国电视节目的资料库，如果你喜爱美国电视节目，不妨访问这个网站，点击那些散布于宇宙间的浩瀚如星云的"二十面体"，探寻有关它们的错综连接的隐秘故事。

类似的网站还有许多。无国界医生组织网站（图3.50）的导航式图标位于网站最左侧自上而下排列，红色背景上以白色线条分别展示了微波站、谈话框、半身人形、旗帜、地球、表针以及听诊器等形象，指示了该组织的最新消息、运作项目、人员、组织文化、全球分布、历程和医疗诊断等内容。图标方正严谨，红白色彩搭配在蓝色网站背景下鲜艳而醒目。美国设计师Brian Kuperman个人网站（图3.51）以模糊化的轮廓形象设计图标，电脑、闪电、人影以及速写簿分别代表了互动作品、品牌设计、设计师介绍以及联系方式等内容。图标均以线条涂绘的方式设计，简单质朴，有粗糙的质感，形态笨拙而可爱。法国DiBiasotto设计机构网站充分展现了图标在网页设计中的独特效果，除了网页背景涂鸦图像外，网站全部内容都是以图标为基础组织和传达的。页面导航图标有小屋、手掌、相机、咖啡、五星、齿轮等不同形象。每个图标形象的链接页面中又布满了大量代表不同意义的图标。"国玉"品牌网站导航图标设计新颖，每个图标皆为玉石与吉祥植物底纹的组合。鼠标滑过，暗色玉石变得晶莹剔透，并伴随底纹明亮展现。在整个网站较暗的色调下，光滑剔透的玉石图标格外吸引人。新加坡wanderlust酒店网站（图3.52）的图标设计为勋章的形态，上方为长方形文字，下方悬挂着圆形图形铭牌，鼠标滑过，下方图标随之左右摇摆。组合式超链接图标同网站相关文字内容融合在一起，组成一个内容模块，模块之间以酒店精美图片隔开。整个网页版面创意新颖，简单明快，给人以清爽轻松之感。

图3.50　无国界医生组织，2012

图 3.51　美国设计师 Brian
Kuperman 个人网站，2012

图 3.52　新加坡 wanderlust
酒店，2012

　　由此看来，图标虽小，但对网站设计却意义重大。它不仅美化了网页形象，更彰显网站设计的细节，传达出网站的不同性格，它同时也让我们体会到，越是简单朴素的元素运用与设计风格，越能吸引浏览者注意力，也越能考验设计师的创意与造型能力。

3.6　网站设计"中国风"

　　网站设计风格与民族个性、审美风尚甚至语言文字密切相关。欧美网站遵循现代主义的简洁、平淡与严谨，不大用艳丽花哨的色彩与造型元素，首页常使用大幅图片或动画；韩国网站多采用白色背景配合柔和的浅蓝、浅绿等淡色与半透明界面，网站图文布局中规中矩，信息传播的实用性和功能性强。而中国目前大量的网站设计则倾向于在欧美与韩国网站设计风格之间摇摆，虽然我们是一个有着 5000 年辉煌文明与厚重历史积淀的大国，虽然中国的多民族融合为设计师提供了大量的建筑、绘画、装饰、传统服饰、文字、图案、文物等多样化设计素材。当然，许多网站也会信誓旦旦地在理念和策略上标榜弘扬中国风格与民族传统特色，但实践中仍难以逃脱创意简单粗糙与元素生搬硬套的窠臼，出色的中国风网站并不多见。

　　水墨是中国风格网站最常用、最出彩的手法之一，这种中国绘画独有的艺术表现技法使网站充满赏心悦目的意象美与深邃悠远的意境美。东湃网络科技公司官网动画"东湃演义"（图 3.53）采用水墨技法创意了刘关张"三英"横刀立马、奋勇杀敌的英雄场景，并分别链接"筹谋"（策划业务）、

"观湃"（设计业务）以及"东案"（公司案例）三项不同主题内容。"东湃
演义"使用简单却经典的黑、红两色，以泼墨形式展现出大气豪放的艺术性
格。东湃公司还设计了"东湃红楼"与"东湃西游"两个网页作品，前者以
传统连环画的线描手法表现，后者则借鉴皮影戏的角色造型特色，以多样化
的中国形象元素丰富了网站艺术形态，彰显了民族传统文化特色。

图 3.53 东湃网络科技，2013

有的网站则不满足于视觉层面造型元素与传统色彩的选择使用，而是追
求网站内涵与中国传统文化精神的交融与契合，追求一种神韵与哲学意味的
中国化和民族化。摩研行空文化传播公司网站（图 3.54）就是如此。这家以
"世界美学·东方输出"为理念的传播机构，业务涉及网站管理、行销策划与
互动设计等。其网站标志"摩研"创意为不完整汉字形态，笔画错落并伴有
缺失，充分利用人类知觉的整体性原理造就独特设计效果。网站页面为赭黄
纸张形态，纵横交错的线条同水墨山云巧妙融合，线条的"直"穿插山云的
"散"，线条的现代洗练融合山云的传统晕染，传达出中国精神开放、包容、
进取的独特品格。

网站设计风格的选择确立应围绕网站传达主题与内容展开，这是"形式
追随功能"的现代主义设计的基本法则。"平门府"（图 3.55、图 3.56）是苏
州的一个别墅项目，"中式独院"的产品定位决定了其网站设计必要展现强烈
的中国味道。而这个网站的中国味不仅体现于对传统图形元素的简单选用，
而且是一种全方位的中国传统文脉的贯彻与表现。首先是文字表述风格的传
统化，如网站文案标题均使用四字词语，四字词语源自中国语言最古老的诗

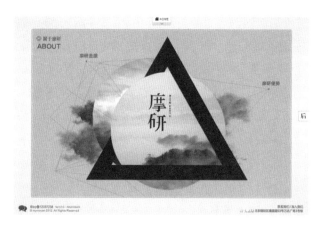

图 3.54　摩研行空，2013

歌表达方式——《诗经》，并在现代以成语的固定搭配方式存在。网站将现代
地产术语进行了传统表达的切换，如介绍地理位置的导航标题为"古董土
地"，介绍楼盘景观的导航称为"园林营造"，介绍户型结构的导航称为"独
院大宅"，介绍物业的导航则称"内府管家"。其次，网站每个版块均配以恰
当契合与照应本部分文字内容的中国绘画作品，如对应"古董土地"的《乾
隆南巡画卷》，对应"园林营造"的《赏梅刺绣仕女图》，对应"内府管家"
的《韩熙载夜宴图》等。至于米黄色的网站背景、笔墨纸砚与线装书的使用、
竖式文字编排方式、卷轴式的页面开合形态等更是中国传统文化的有力体现。
"平门府"网站立足信息传达目的和楼盘实际，试图从文到图、从内容到形态
全面展现中国传统文化精神。

图 3.55　平门府首页，2013

图 3.56　平门府内页，2013

　　中国风式的网站比比皆是。乐奇设计公司网站（图3.57）以水墨的植物花朵形态作为网站主体图形，背景则采用仿宣纸纹理，并渲染与涂绘了大量的柔和淡雅的色彩。网站花朵色彩明艳亮丽，背景水墨古色古香，具有浓郁的中国绘画特色。宝安中国院子"半山"别墅网站（图3.58、图3.59）中的标志"中国院子"与"半山"均采用了书法字体，一行一楷；以旗帜广告形式出现在首页的中国院子"问卷调查"四个字体也为书法行楷，并置于米字格中。网站造型元素具有浓郁的中国传统特色，但整体构图与文图组合仍遵循了欧美洗练简约的现代主义风格。163网易免费邮箱登录页面同谷歌搜索首页一样，每隔一段时间也会设计不同的插画。借着2月14日情人节之际，网易设计了"那些未曾说出口的'我爱你'"系列，三幅插图均以淡淡的线描与水墨手法表现，透着一股子温暖和感动。故宫博物院（图3.60）作为国内最大、最全的官方文物收藏与保护机构，其权威性与专业性可见一斑。其网站使用暗黑与深红色体现博物院的权威与严谨，卷轴、龙形、祥云、水纹、古建等传统特色元素更彰显中式艺术风格。天津杨柳青镇以木板年画闻名于世，其官网首页设计为古书一页的形态，土黄色网站背景点缀线描年画人物图形，各种年画作品依次呈现于页面中央，同网页土黄色调形成呼应，古色古香（图3.61）。

图3.57　乐奇设计，
2013

图3.58　"半山"首页，
2013

图3.59　"半山"内页，2013

图 3.60 故宫博物院，2013   图 3.61 杨柳青镇政府，2013

当然，我们也应该意识到，中国味道与风格同西方的简约与现代并非水火不容。当代众多"中国风"网站也皆是在现代主义构图原则与简约版式风格基础上的新传统意味呈现。如"平门府"内页使用大幅绘画图片，精简文字内容，采用方形内容模块组织等。相比较那些简单粗暴地滥用水墨或书法字体的所谓中式网站，这样的中西结合更能让我们感受到传统文化的意味深远与时代新貌。

3.7 复古与新潮

所谓潮流，其实就是一个循环，曾经的东西在未来的某个时段还会以另一种形式展现，设计也是如此，过去的风尚不会消失，它只会转化和融汇到新潮流中来。物理学遵循能量守恒定律，其实潮流与风尚未必不是守恒的。在现代设计诸多流派演变中，这样的例子比比皆是。工艺美术运动是对中世纪哥特式的复古，新艺术运动的植物弯曲线条又多少受到洛可可艺术的影响，至于后现代主义反思国际主义，进而产生的文脉追求也多少同装饰艺术运动有莫大的关系。

如今网页设计发展日新月异，技术的革新自不必殆言，形式与风格的演进也呈现求新与多变，而这多半是浏览者多样化与个性化的审美追求的真实反映。在这一背景下，大量曾经流行过的时尚纷纷再现于网页设计之中，展现在了网页的图形创意、色彩组合、字体设计、编排布局等诸多方面。

PASSAGE 是俄罗斯圣彼得堡一家著名的大型购物中心，这家始建于 1848 年的购物中心位于圣彼得堡市中心的涅瓦大街，其内部有商场、餐厅、娱乐、办公等多种设施，其销售的旅游纪念品受到外国游客的普遍欢迎。PASSAGE

的官方网站（图 3.62）在设计风格方面力求充分展现其历史悠久的特点，页
面图片采用木版画的创作手法，以黑白线条刻画 19 世纪欧洲人的盛装场景，
男士的文明杖、燕尾服与高统礼帽，女士着蕾丝边束腰曳地褶裙，小孩则是
干练的马裤西装与圆礼帽。所有这一切都在展示着 PASSAGE 一百多年的厚重
商业积淀与高档品味情怀。除此之外，网站还使用了诸如怀表、留声机、旧
皮箱、老汽车、老相机等古旧物件，进一步凸显网站的复古设计风格，意在
烘托百年老店的独特品牌个性。

图 3.62　俄罗斯圣彼得堡 PASSAGE 购物中心，2014

　　PASSAGE 以焦点图片和形象图标展现复古格调，位于美国纽约的 Dollar
Dreadful 家庭图书馆官方网站（图 3.63）则完全采用了 19 世纪旧报纸的图形
文字样式与版式风格。这个始于 1882 年的家庭图书馆由一对夫妻创立。网站
首页被设计为一份早期报纸的样式，页面上部为报头部分，左右分列两位创
始人半身像，簇拥着经过精心设计的两个美术字——"Dollar Dreadful"。页面
大部分内容被设计为报纸的各个新闻栏，其标题多为繁复的装饰性美术字体，
种类不下二十几种，插图则为木版画样式，整个页面设计带有浓郁的 19 世纪
维多利亚时期的版面设计风格：追求繁复、华贵和复杂的装饰。这一切似乎
在向人们娓娓叙说着家庭图书馆的藏书丰富与时间久远。

　　有时候展现复古情调并不需要全面照搬历史风格，对页面中某个传统设
计元素进行创新使用也能起到画龙点睛的美妙效果。工业革命之前人类艺术
是基于手工劳作的艺术，手绘是人们表现情绪、创作艺术作品的重要形式。
相比于现代设计动辄摄影摄像、电脑辅助来说，手绘插图就蕴含有无可比拟

图 3.63　美国纽约 Dollar Dreadful 家庭图书馆，2014

的传统情感与亲昵味道。POP 艺术工作室是塞尔维亚一家数字设计服务机构（图 3.64），其首页大图片为工作室七位主要成员的正面肖像，这些手绘而成的人物肖像带有早期线条插图的强烈风格，人物细节如手指稍作夸张表现，表现出浓浓的怀旧味道，配以淡淡的微笑，让人颇觉亲切。

图 3.64　塞尔维亚 POP 艺术工作室，2014

使用黑、灰等低明度色彩去展现古与旧较为常见，但并非所有复古都是压抑与陈旧，鲜艳的色彩同样也能表达对历史的推崇与追怀。19 世纪末期法国有位著名的艺术家穆卡，作为新艺术运动的代表人物，穆卡吸取了拜占庭艺术华美的色彩和几何装饰效果，并融入巴洛克、洛可可艺术的细致而富于肉感的描绘，创造出了极强的装饰性和明快的水彩效果的招贴作品，并深深影响了后来的平面设计。如今，许多网页设计也将这种浓重的水彩画效果引入其中，设计出色彩丰富、线条流畅与柔美的穆卡风格页面。2014 年 BarCamp 国际研讨会网站（图 3.65）就在首页放置一张森林露营的水彩画，五颜六色的平涂色彩、弧形排列的无衬线文字标题以及大量的植物线条将装饰性特色显露无遗。而这种装饰性的慵懒与趣味同 BarCamp 会议对参与者的开放、分享、自由的要求形成内在契合。

图 3.65　Barcamp Omaha 2014 年会议，2014

诸如此类的网站还有很多。Retrofi 数字工作室是一家为国际知名电视网和好莱坞工作室提供影片数字特效制作服务的创意机构。其网站首页上（Retrofitfilms. com），着古代铠甲的战士一手持剑，一手扶着残破的战旗，旁边站着陈旧的老式机器人、带眼罩的女剑客以及长着翅膀的猴子，地上是飞行器碎片，整个画面充满了新旧杂陈的穿越感。魔术师 Eric Henning 的个人网站（图 3.66）标题为"来自 Eric Henning 的传统魔术"。首页为砖墙上的一张 19 世纪的复古戏剧海报，海报上的字体不下十余种，展现着西方印刷业在金属活字发明后对字体设计的热衷和追捧。同里镇政府南园茶社（图 3.67）为展现其古与久，网站采用了淡黄的调子，并使用了 20 世纪五六十年代的竹制外壳暖壶、纸质灯笼、老式挂钟、旧竹筐、斑驳的砖墙与褪色的标语字体等视觉元素。拙政别墅是一个仿古楼盘，拙政别墅网站（图 3.68）不仅采用了大量的古建筑实景图、线描图、动态 flash 演示图，还在网页的导航图标、文字框样式、色彩等多个细节上营造浓郁的中国传统味道。杨柳青镇政府网站（图 3.69）采用发黄的纸片作为背景，布满大量淡黄文字，而"杨柳青"三个黑色隶书毛笔字与红色印章非常醒目。整个页面的核心内容被设计成线状古籍的版式，宋体活字印刷的书名"杨柳青"位于书页左侧居中，中国画风格的插图点缀其间。

图 3.66　来自 Eric Henning 的
传统魔术，2014

图 3.67　同里镇政府南园茶社，2014

图 3.68　拙政别墅，2014　　　　　图 3.69　杨柳青镇政府，2013

在我们看来，复古与新潮并非对立的两个概念，有时候复古本身就预示着一种新潮流的到来。此时所"复"之"古"，已非早先之"古"。工艺美术运动的旗手威廉·莫里斯设计了哥特式的红屋，但其尖塔和拱门远没有中世纪教堂的高耸与缥缈。诞生于 20 世纪 60 年代的后现代主义从 19 世纪末的装饰艺术中获得了灵感与启迪，但前者本质上推崇的是简洁与现代，而非装饰主义的冗杂与繁复。所以，复古不是简单的模仿与再现，而是对过去风格基于当下审美需求的修正与进化，这本身就是一种风格的创新。

4

色彩问题

4.1 色彩的特征

物体在有选择地吸收、反射、透射色光的时候，由于物体的物理性质不同而呈现出不同的色彩。色彩分为两大类，即无彩色系和有彩色系。无彩色系是指白色、黑色和由白与黑调和而成的不同程度的灰色；有彩色系是指红、橙、黄、绿、青、蓝、紫等。它具有三个基本特征：色相、彩度和明度，在色彩学中，它们被称为色彩的三大要素。将这三大要素进行科学的秩序整理、排列分类的系统组合，便形成了色彩体系，也称为色立体，在设计中，常用的色彩体系有蒙塞尔色系和奥斯特瓦德色系。人的视觉感官生理基础上的差异，造成不同的色彩感觉，它是传达设计物信息的重要形式因素，而生理反应中以色彩错视和幻觉最为突出。对色彩的物理学、生理学和心理学研究，又为色彩在设计中的运用提供了科学的参照体系。

色彩是决定网站访问者对网站最初和最直观印象的元素。"在目光接触任何细节性的信息之前，网站的配色效果作为最直接的视觉语言已经闯入访问者的视线，也控制住了访问者对这个网站形象设计的主观意象。"[①] 因此网站的色彩设计往往要同网站标题、主题和内容契合起来，而不能相互冲突或相互矛盾。要评价二者是否统一，就要首先搞清楚色彩的心理意义。

在色彩的三个属性中，色相是色彩的基本形貌，是色彩的最大特征，也是区别不同色彩的最准确的标准。色相由光波的波长决定，波长相同，色相相同。依据光波波长排列，色彩有红橙黄绿青蓝紫的不同。红色光波最长，处于可见光谱的极限附近，容易引人注意，让人兴奋和紧张，但也容易造成

---

① 赵志云. 网络形象设计［M］. 北京：中国传媒大学出版社，2011：2.

视觉疲劳。人们把波长最长的红色与最短的紫色连接在一起，就形成了色相环（图4.1）。

图 4.1　色相环

明度指色彩的强度，即人眼对物体表面色彩的明暗程度的感受。不同色彩因为反射光亮的强度不同，产生的明暗度也会有差异，黑、白、灰这些无色色彩缺少色相和纯度，但具有明度之别。其中，明度最高的色彩是白色，最低的是黑色。色彩中含白色的成分越高，反射率就越高，明度就越高；色彩中含黑色的成分越多，反射率就越低，明度也自然就越低。

纯度指色彩的饱和度，代表了色彩的鲜艳度和纯净度。纯度是深度、浅色等色彩鲜艳度的评价判断标准。纯度最高的色彩是原色，随着纯度的降低，就会变化为暗淡的、没有色相的色彩。但是，色彩的纯度与明度不成正比，纯度高并不等于明度高。

色彩具有物理感知和精神感知两方面的特点。物理感知是人们接触一种色彩时的纯感官效应，是人的大脑第一时间接收到的色彩的信息，比如台风、暴雨等极端天气情况的预警色彩一般分为四级：蓝色、黄色、橙色和红色，或分三级：黄色、橙色和红色。红色预示着最高危险等级，现实生活中很多具有警示作用的物品的设计，都会以红色作为主要特征，如灭火器、消防栓、交通信号灯等。色彩的物理感知常常在设计中表现为无意识设计，即直觉的设计，以上所举的例子就是如此——人们不需要更多的思考就能很清晰地了解设计要传达的意义，直觉的设计正是将人们无意识的行动转化为可见之物。

色彩的精神感知则强调色彩在对眼睛和大脑进行短暂刺激之后，对心理的深度影响，具体体现为色彩的冷暖、轻重、胀缩、进退等。不同的色彩会产生不同的温度感。人眼对色彩的冷暖的判断，来源于人的心理联想和生活经验。一般来说，暖色系指的是以橙色为中心的半个色环，如红、黄等色，给人以温暖、热烈、活泼的感受，主要表现流行元素或鼓动性、激励性的内容；冷色系则是以青色为中心的半个色环，如青、蓝等色，给人以宁静、凉爽的感觉，用于表现科技的、沉稳的，或者作为背景色。色彩的轻重主要取决于色彩的明度，明度高的色彩容易使人联想到棉花、羽毛、泡沫等重量轻的事物，产生轻柔感；明度低的色彩则使人联想到煤炭、钢铁、土地等物品，产生沉重、稳定、庄严之感。黑色是所有颜色中最重的，象征着稳定、科技感和理智可靠，是现代设计中常用的稳定色；白色是最轻的颜色，给人以轻快感和柔和感，同时也使人感觉不安定。人的视觉习惯是上轻下重，所以在现代网页设计中，重量轻的颜色通常用于上部，重的颜色用于下部，这样才有均衡感。色彩的胀缩来自心理学上的光渗现象。即"浅色的物体在深色背景的衬托下，具有较强的反射光亮，因而呈现膨胀性的渗出"①。因为光的波长直接影响其在人视网膜上的影像清晰程度，波长较长的暖色如红、橙、黄等在视网膜上的影像具有扩散性，影像模糊，因此暖色具有膨胀性；波长较短的冷色如蓝、青则影像清晰，具有收缩感。色彩的膨胀与收缩在设计应用上有重要的意义，可以帮助设计师有效地保证画面的比例均衡与空间协调。色彩的进退与胀缩有相通之处，膨胀感较强的颜色，如红、橙、黄等在视觉上给人的感觉更大，看起来会比实际距离近，具有一定的前进感；收缩感较强的颜色，如黑、蓝等则看起来比较小，观感上要后退一些。出现在同一页面中的色彩，因为其前进、后退的差异，给人产生不同的空间距离和心理距离，从而形成色彩的立体感。在页面设计中，图底之间就可以利用色彩的进与退形成空间区分，以达到突出主体物、弱化背景的作用。

　　因为色彩不同的物理感知与精神联想，所以在网页设计中，不同颜色使用场景便产生差别：红色因为其强烈的表现力，经常作为主色和调和色出现（图 4.2）；黄色则常常作为配色出现（图 4.3、图 4.4）；橙色的使用范围较广，运动、时尚、食品类网站都较常用；蓝色常用于科技类网站、政府网站、表现男性主题的网站等（图 4.5）；紫色主要用于表现女性主题的网站；黑色通常与其他颜色搭配使用，用于娱乐、科技、艺术等类型的网站（图 4.6）；白色则主要作为搭配色使用；另外，灰色主要运用在一些高科技产品或格调高雅的企业网站上（图 4.7）。

---

① 郑建鹏，齐立稳 . 设计心理学 [M]. 武汉：武汉大学出版社，2016：66-67.

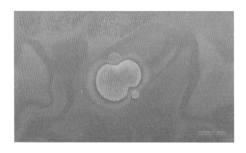

图 4.2 乳腺癌基金会乳腺 X 光检查 公益项目，2019

图 4.3 新西兰空间设计机构 PLN Group ，2019

图 4.4 巴西摄影师 Ber Sardi 个人网站，2019

图 4.5 加拿大设计师 Bill 个人网站，2019

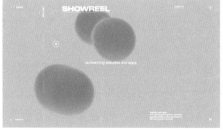

图 4.6 网页设计机构 Asterica，2019

图 4.7 数字设计机构 chipsa，2019

4.2 网站设计 "小清新"

"小清新"本是一种以清爽曲风见长的音乐作品，意境多秉承唯美、淡雅、自然、朴实、超脱、静谧等独特的个人感受。这种源自 20 世纪 80 年代英国、德国等欧洲国家的独立流行乐如今不但在音乐创作方面大行其道，更给文学、电影、摄影等艺术创作打上深刻烙印，自然也延伸到了网络形象设计领域。

　　在国内，"小清新"最早是从 80 后一代中成长起来的，并被归为"文青"与"小资"的特有话题。如今随着 80 后成为社会的重要担当，并成为网民的主体人群，"小清新"这种原先极为小众的文化现象已经演变了一个阶层的亚文化。社交网站"番茄派"自称为小清新中国第一站（图 4.8），网站设置了趣事、文字、图片、音乐、视频、影视、漫画等多个栏目，内容多是感性、恬淡的短文或影像。网站配色方案中绿色占据了绝对主导地位，墨绿与淡绿结合使用。在纯白色背景上，墨绿色的标题文字同黑色正文形成鲜明的对比，透露出一股子青春的气质。在版式设计上，内容版块之间排列整齐但相对疏离，文字则采用较大行距，慵懒、舒适、静谧的感觉跃然而出。值得注意的是这个网站的运营与编辑团队几乎全都是 80 后。

图 4.8　番茄派网站，2012

　　"小清新"风格的网站在配色上多围绕绿色或其临近色进行创意与设计。如上面提到的墨绿的"番茄派"，其他如灰绿的"Fullvita"（图 4.9）、淡绿的"豆瓣"，以及浅蓝与淡绿交融的"网易 163 邮箱"登录界面等皆如此。这种看似单调的网站配色方案其实蕴藏了无限的生机，更重要的是它将网站本身的个性表露无遗。"Fullvita"是韩国圃美多食品有限公司旗下保健食品品牌，而后者又是以经营有机农产品为主要业务。与农业及有机食品紧密相关的产业性质直接影响了"Fullvita"品牌的网站形象设计：浅灰绿的草坪、枝叶和字体，代表了健康、轻松与闲适的惬意生活。相比较而言，"豆瓣"网的"绿"就含蓄和低调了许多，尤其是豆瓣网广告频道：朦胧的绿色只在网站上部配合图形出现，淡淡的得好似蒙着一层纱，同"文艺青年"的忧郁气质颇为相似。网易163邮箱登录页面设计也很有与时俱进的味道，从三月份配合"熄灯一小时"设计的蓝色地球，到四月份的水墨春天系列，清新自然的气息日渐浓厚。

图 4.9　Fullvita 品牌网站，2012

　　很多"小清新"的网站都跟年轻人的生活实际与生活观念有着直接或间接的关系。"番茄派"意在打造年轻人清纯生活交流平台；"豆瓣"意在分享年轻人的思想见闻与兴趣，这些网站都是直接以"小清新"们为沟通对象的。而像"Fullvita"品牌网站（图4.9）、LG家居网站（图4.10）等则主要是在观念上同"小清新"异曲同工。LG家居网站在体现清新方面不只以"绿色系"取胜，而是将清新色彩与简易图形很好融合，在图形元素与色彩元素的搭配上着力展现轻快与明朗的风格。网站最大的特色是大幅铅笔手绘图片的使用。网站在灰白素雅的背景上运用了一张幸福甜蜜的三口之家的线稿Flash图片，地毯上淡淡的绿色同主页左面硕大的绿色英文书法字体遥相呼应，显得雅丽脱俗。其实不光LG，很多韩国企业在网站设计上都有朝着自然清新的方向发力的趋势和意愿。甚至像汽车润滑油这种非常工业化的产品都尝试将网站设计成绿色与清新的风格，如韩国GS公司润滑油品牌网站"汽车绿洲"（autooasis.com）。

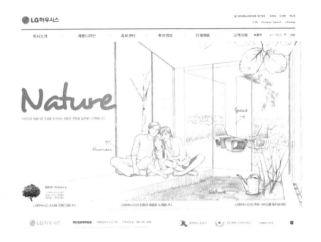

图 4.10　LG 家居网站，2012

　　漫画化与手绘图形的运用是网站"小清新"的重要设计手段，这同"清新"一族的个性特征很吻合——充满浪漫的幻想和美妙的憧憬。漫画手法在这些网站的设计中多以 Flash 形式实现。Spoon 是马来西亚一家冰冻酸奶店（图 4.11），这家店提供美味而不增体重的酸奶产品。网站背景是一幅巨大的Flash 动画，灰色表盘状导航设计位于主页正中。页面由大量手绘漫画图形组成，既有诸如草莓、奇异果等果蔬，又有小马、大象、鱼等卡通动物；天上落着断续的雨丝，海中飘着摇曳的帆船。随着鼠标的移动，这些别致的单色线稿图形会在页面中随机浮动，趣味十足。在这样的网站里，不知你是否会有尘封许久的童真被重新唤醒的感觉。

图 4.11　马来西亚冰冻酸奶店 Spoon，2012

图 4.12　豆瓣网，2012

其他色彩清新类的网站还有许多。豆瓣（图4.12）是国内最大的"文艺青年"社区论坛，清新一族专属的社交分享网站。淡雅的页面风格；从容的版面编排；小字体、大留白；绿、蓝、黄三色的网站标识和导航字体：这一切都透着一股子文艺气质。作为中文邮箱第一品牌，网易163免费邮箱（图4.13）吸引了全球1.7亿注册用户。其登录页面设计简洁大方，很长一段时间该网站都选用大量水墨风格图片作为主体背景，关于春天的诗句更是点缀其间，应时应景，让人眼前一亮。"绿话"是一个很有意思的绿色公益活动平台，人们可以在上面留言讨论你的绿色植物的名字，从而获得网站提供的绿色种子。网站结构简单，色彩单纯，白色T恤与绿色盆植形成鲜明对比，清新得有些醉人。日本设计公司Contents Produce的网站（图4.14）采用动漫效果，弥漫着幻想的氛围。网站二级页面内容都以吊牌形式展现，充满了田园般的童话气质。NHN（图4.15）是韩国优秀的搜索引擎服

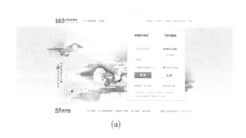

(a)　　　　　　　　　　　　　　　　(b)

图 4.13　163 网易邮箱，2012

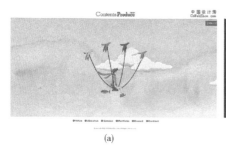

(a)　　　　　　　　　　　　　　　　(b)

图 4.14　日本设计公司 Contents Produce，2012

务企业。网站青春气息浓郁的主题画面与散落在各个栏目图形中的绿色叶片
是最大的亮点，当然，整洁的页面风格、均匀而疏离的版块编排也让人感到
舒服和心怡。

图 4.15　韩国搜索企业 NHN，2012

现代社会的高速发展与个性追求造就了碎片化的独立个体，而拥有共同
趣味与爱好的人群又因为网络的力量聚合在一起。在网络的世界里，"小清
新"已经走出狭窄的小圈子，变成了人们对于青春、理想和惬意生活的寄托
与向往。所以，每个人都有"清新"的资本和权利。比如在春光明媚的日子
里，如果你必须待在办公室从事那些有点烦闷与单调的事务，那在几分钟的
小憩时间里，你或许可以浏览几个轻松、惬意、充满视觉"绿动"的网站，
感受下春天里醉人的清新气息。

4.3　"彩虹"网站的色彩魅力

网站配色是网站设计的重要内容之一，优秀的网站在色彩选用上都有其
独到的地方。一般我们认为，网站在色彩选用上要尽量使用单色，或者不超
过三种颜色。过多的色彩会造成网站视觉形象混乱无序，给浏览者带来较大
的视觉负担。但也有一类网站在设计时故意使用大量色彩，这就是我们今天
要说的"彩虹"网站。所谓"彩虹"网站，就是在网站配色时适当使用多种
色彩表现，利用"彩虹"形象或相似变形形象作为网站的配色方案。

"彩虹"网站使用色彩的数量远远超过三种，但人们的感觉并不突兀，其
原因在于"彩虹"作为网站多样色彩的表现形式，在同浏览者沟通时，充分
利用了人知觉的整体性原理。知觉的整体性表现为人们在接触事物时，总是
习惯于从自己熟知的事物上去认知新的事物。比如看到一堆色彩，人们的知

觉会对按照自己的认知结构对其进行处理，会在自己的认知库中寻找能够与之相对应或类似的事物。所以，虽然网站在色彩使用上超过了三种，甚至更多，但是由于这些颜色具有空间距离上的接近性、色环位置上的临近性、相互之间存在着特定组合规律等而被人们知觉为一个整体——自然界最美丽的彩虹，因而不会产生视觉繁乱的感觉。

彩虹色彩在网站页面上的应用很广泛，可以作为网页背景色，也可以作为网站内容图片的色彩，甚至可以作为导航与文字内容的配色方案使用。如可口可乐"加入中国节拍，助威伦敦奥运"主题营销活动网站（图4.16），其二级页面上部和左右两边均采用了"彩虹"的背景图案。在网站中，这些单个的色彩都具有一定的指代意义，分别对应了五个运动员中的一个，组合在一起又作为背景图形丰富了网站色彩体系，并给人炫动节律之感，契合了网站"中国节拍"的主题。彩虹色彩不仅可以作为抽象的背景图形存在，还可以用在具象的作为网站内容的图片上面。再如西班牙比斯开癌症儿童家长协会的网站（图4.17）。这个由一群癌症病患儿童的家长组成的有着20多年历史的公益协助组织，专门帮助那些有癌症孩子的家庭及其成员，给予患者和他们的亲人生理心理上的各种鼓励和安慰。网站除在主页背景上采用了美丽的彩虹图案外，还将彩虹色彩应用到了主页一双漂亮的儿童袜子上。美丽的彩虹象征了生命和活力、精神和勇气，这同协会意欲传达给患者家庭的精神信息是一致的。类似的将彩虹作为网站图片内容的还有德国知名巧克力品牌"瑞特运动"（RITTER SPORT）的官方网站（ritter-sport.de）。这个有着100多年历史的德国著名巧克力品牌现有薄荷、草莓酸奶、黑巧克力榛仁、

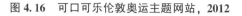

图4.16　可口可乐伦敦奥运主题网站，2012

图4.17　西班牙比斯开癌症儿童家长协会，2012

奶油杏仁、焦糖榛仁、半甜、果仁核桃、葡萄榛仁、威化等十几个品种，每个品种都有不同颜色的包装。在网站设计上，设计师将这些产品包装或横向或竖向排列在一起，构成了一道美丽而诱人的"可以吃"的彩虹，让人眼口俱馋。

"吃在悉尼"博客网站（图4.18）同"曼彻斯特手工艺协会"网站（图4.19）则是将彩虹元素在导航设计上贯彻体现的好例子。"吃在悉尼"收集了悉尼城市内包括现代澳大利亚餐、中国餐、日本餐、希腊餐、印度餐、西班牙餐、泰国餐、意大利餐等在内的众多餐馆。网站右侧的分类导航被设计成了彩虹色块的形态，每个栏目对应着一种颜色，排在一起则是一条美丽的彩虹。"曼彻斯特手工艺协会"网站的导航设计在网站上方，以方块形态横排展开，七个栏目分别对应着红、青、黄、蓝、橙、淡蓝、紫七种颜色。以彩虹元素作为网站导航设计的色彩形式，不仅使导航系统色彩鲜明、条理清晰，更能让浏览者自然地区分开网站主要内容。

图4.18　"吃在悉尼"博客网，2012　　　图4.19　曼彻斯特手工艺协会，2012

网站设计中彩虹色彩运用既可以表现为传统的彩虹样式，也可以是彩虹形态的变形，后者给人的感觉更为奇妙。Moovents是意大利一家社交媒体营销机构（图4.20），专门从事网络营销、公关和事件管理，其核心业务是根据客户需求为客户寻找最适合的传播策略。这样一家现代化营销与设计公司，其网站在彩虹元素应用时创造性地将传统彩虹设计为螺旋状，并将几个螺旋状的彩虹图形在网站前后景交叉呈现，再以多条细线相连。彩虹代表了无数个处在社交网络中的差异化个体以及因为共同特征聚合而成的群组，群组之间相互关联，组成彼此不同但又有着千丝万缕关联的复杂的社交关系，而这也正是社交媒体的本质和社会营销的基础。彩虹元素不仅仅丰富了网站色彩体系，更成为网站主题内容的最好阐释。

图 4.20　意大利社交媒体营销机构 Moovents，2012

　　无论是作为网站背景的一部分，还是作为网站内容之一，彩虹元素在网站应用中要注意尽量同其他单色搭配，进而突出两者之间的对比。究其原因，从视觉传达的内容看是为了凸显彩虹元素的主体地位，从视觉传达的形式看则更是为了避免网站风格过分的绚丽和杂乱。以上例子多是跟白色组合使用，其他如黑色、灰色、淡蓝色也都是不错的选择。如位于美国威斯康星州密尔沃基市的 Tracy 应用设计公司的网站（图 4.21）。在深色背景上，网站左上、右上及右下成交互呼应地环绕着如植物藤蔓状的彩虹色彩图形，颇有 19 世纪末 20 世纪初盛行欧洲大陆的新艺术运动的设计风采。深色背景的使用突出了这些彩虹色彩，并为彩虹增添了一股神秘的意蕴。

图 4.21　美国应用设计公司 Tracy，2012

　　诸如此类的网站比比皆是。乌克兰有机化妆品 Glossary 网站（图 4.22）首页利用自然界各种事物的颜色组成硕大的彩虹文字 GLOSSARY。这里面包括了葱绿的青草、黄色的花朵、湛蓝的天空、紫色的葡萄、红艳欲滴的草莓和西瓜等各种能够激发人视觉愉悦的色彩。美丽 2.0 网（图 4.23）是艺术家和视觉设计师克里斯托弗·尼尔森收集和鉴赏最新最美网页设计的博客网站。在深色背景上，网页自左上角至右边中部有一条美丽的彩带衬在页面内容之下，似一道彩虹横跨天际。网页上部标识和导航部分也以彩虹色彩元素呈现。Punchbuggy 是澳大利亚一家数字营销与设计公司（图 4.24）。这家位于新南威尔士州的设计公司业务内容包括了网页设计、数字化战略、web 开发与应用、电子商务以及内容管理等。网站没有采用传统彩虹样式，但在网站标识和主页最上、最下部分均采用大量多彩气泡的形式，在介绍各分项业务时也分别以不同色彩的图标与之相对应。Persoton 是一个德国公益组织的网站。网站首页为由许多小方块组成的 PERSOTON 字样。每个字母都由不同颜色填充，

图 4.22　乌克兰有机化妆品 Glossary，2012　　　　图 4.23　美丽 2.0 网站，2012

图 4.24　澳大利亚数字营销设计公司 Punchbuggy，2012

随着字母中间多个圆形点的不断闪烁，这些字母色块的颜色也不断变化。整个网站首页就像是一道挂在天空的文字彩虹。乐天公司赞助 2012 年韩国丽水世博会的营销网站 Expo2012lotte 也是如此，彩虹元素被应用在首页的气球上。气球表面被各种各样的色彩区隔填充，或横或竖或斜向，与首页背景的天空画面交相呼应，给人愉悦欢快的情感体验。

作为网站配色方案的一种尝试，彩虹元素既丰富了网站色彩体系，又给网站本身带来了一股生机和希望之气。因此如果能够使用恰当的组合与色彩配置，彩虹元素不仅不会造成视觉繁乱和感官累赘，反而为网站视觉传达增添无穷的魅力。

4.4　冷色系的流行

2012 年 12 月，美国彩通色彩研究院公布了 2013 年色彩趋势，并确定祖母绿为本年度流行色彩。这标志着继 2009 年的含羞草黄、2010 年的松石绿、2011 年的忍冬花粉以及 2012 年的探戈橘之后，以绿色、蓝色等为代表的冷色系再次回归，成为年度时尚色彩主流。基于彩通的这一色彩趋势判断，欧洲知名科技博客 TNW 在其文章中也大胆预测本年度网页设计冷色系将"重新"成为主流。

TNW 之所以称 2013 年网页设计冷色系"重新"成为主流，是因为虽然近年来网站配色越来越趋向于丰富化和个性化，但以冷色为主体格调的网站近两年仍大量存在，并一直为众多网页设计师推崇和喜爱。OKB 是西班牙马德里一家交互设计工作室（图 4.25），其网站页面色调比较简单，左上部为深绿色，右下部为暗黑色，中间则呈现绿与黑的渐变与过渡。从较为明亮的深绿到完全暗调的黑色，网站展现出一股冷静和理性的气息。有的网站虽以冷色为主，但具体配色方案其实也较为多样，并不单独选取绿色、蓝色或黑色，而是配合了来自暖色系的黄、红、橘等多种色彩。这种配色方案不仅没有冲淡冷色系的宁静，相反更带来一种超然于混搭与运动之上的多变的静。美国终极格斗大赛（UFC）的社交互动网站（图 4.26）就是如此。网站背景为黑灰色，网页中部承担导航作用的圆环则被设计为浅蓝、蓝灰与暗红三色拼接。浏览者可以在这个网站上找到关于 UFC 的大量信息，并在粉丝之间交互沟通交流。网站的推荐性信息会以小图片方式编排于页面两侧，并利用间或出现的直线同某个导航圆环连接，以表现其内容类别与来源。网站冷色为主、兼容暖色的配色方案既很好地展现了搏击的力量感与紧张性，又恰当点出了大赛的观赏性与娱乐性。

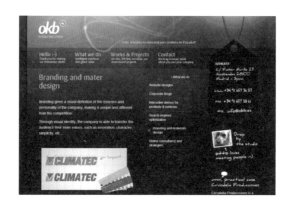

图 4.25 西班牙交互设计工作室 OKB，2013

图 4.26 UFC 社交互动网站，2013

以蓝、绿等较深颜色为代表的冷色调在给予网站宁静气质的同时，也可能会让人产生过分沉重的心理负感觉，当网站信息又恰好比较饱满时，这种"拥挤不堪"的感觉会更甚。因此，虽然冷色背景增加了网页设计的纵深感，但网站仍需要积极创设网页画面内容空白，并配合冷色背景制造精巧的视觉创意来吸引人。当浏览者视线在不同内容区块之间转移时，设置于这一区块中的页面空白会为本区块提供足够大的视觉呼吸空间，提供很好的可用于视觉休憩的时间和空间节点，以舒缓浏览节奏，避免从视觉到心理上的负担，同时更令页面布局简洁突出，整体外观优雅深远。

"2012 梅西矩阵"网站（图 4.27）就是如此。这个网站汇总回顾了阿根廷著名球星梅西2012全年的比赛数据。网站在展示这些数据时按照不同比赛级别和时间周期进行分类。赛事级别位于页面右侧，以文字导航形式分列有国家队比赛、欧洲冠军联赛、西班牙甲级联赛、西班牙国王杯、西班牙超级杯五个赛事，时间周期位于页面下方，以蓝色时间条的形式划出了全年12个月份。网站背景借鉴足球场的真实环境，以暗绿色营造出灯光聚焦场内热点的特殊氛围。而这个聚焦点就是页面中间由多个正五边形和正六边形组成的虚拟足球。足球的每个面都链接着一个诸如上场时间、出场次数、代表队、进球情况、助攻情况、所获奖项等不同比赛数据的页面内容。网站大部分信息集中于页面中间的"足球矩阵"上，呈立体空间720度分布，从而避免了所有内容平铺开来可能造成的视觉拥堵，并形成一种上下左右先后交替浏览的运动感，同时大大削弱了蓝色调过重带来的压抑与不快。

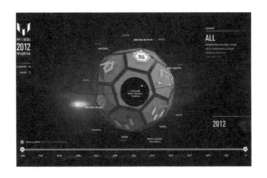

图4.27　2012梅西矩阵，2012

有时，以冷色为主的配色方案结合先锋的网站设计观念与设计技术会产生更奇妙的化学变化，造就从色彩形态到内容组织，再到浏览方式等多方面和谐统一的综合观感体验。雷克萨斯汽车台湾地区2012年品牌网站"大器天成"（图4.28）就充分利用冷色调与视差滚动技术将雷克萨斯汽车特色信息进行完美展露。网站设计为一场存在于黑色天地与蓝色星空之间的汽车"秀"，网页下方的导航被设计为一条时间线，按照人们购买汽车的通常需求设置了"创新设计""混合动力""内饰""外观""控制表现""试乘试驾"六项内容。每项内容的页面均以时下最流行的视差滚动技术精彩呈现出来。网站主体信息全部围绕页面中部的汽车形象展开，浏览者仿佛是在虚实相间的充盈着无数蓝色光点的3D空间中漫游，给人一种恍如梦境的神秘的科技感和时尚感。在页面运动的过程中，导航承载的六个方面的汽车核心信息会以关键词链接的方式依次出现，以动态展示的方式避免了所有信息堆砌和冷色系带来的画面沉重感。

图 4.28 雷克萨斯 "大器天成"，2013

Andrea Ziino 是一名视觉设计设计师。其个人网站（图 4.29）以黑色为基调，仿皮具纹理，并设计有规规矩矩的淡黄色 "缝纫线"。为淡化黑色背景带来的沉重感和压抑感，网页以淡黄色实线和虚线作为划分网站空间的标志，并留出大量空白凸显主体信息。韩国乐天天山济州岛乡村俱乐部作为一个高尔夫俱乐部，其网站设计采用了自然界的绿色作为主要背景，以表现俱乐部的环境美好与条件优良。网站主页 "天气预报" 内容区块更以蓝天和绿植为主图形，深远与静谧的色彩感受非常强烈。澳大利亚妮维雅男士用个人清洁产品网站（图 4.30）以亮度不同的各式深蓝色为背景，延续了妮维雅男用产品的包装色彩，同时深蓝色体现出的深沉、稳重与踏实的心理感受又同女士期望中的男士性格契合，页面文字也以蓝色呈现，更凸显宁静之感。韩国首尔苹果树牙科医院网站（图 4.31）的标志为一枚绿色与蓝色结合而成的苹果，主页被连接右上与左下的对角线分为两个三角形，左半部三角形页面为白色背景结合绿色设计元素，右边半部则为蓝色背景。蓝绿冷色既突出了牙齿种植的主题，又体现了医学的科技性与权威性。纽崔莱农场网站（图 4.32）为体现纽崔莱品牌的绿色生态与健康，网站设置了以蓝色和绿色为主的配色方案，大部分设计元素均为蓝绿两色，如天空、叶片、书的封皮，甚至被设计为书签的网站导航按钮等。其中，等待页面开启时出现的彰显进度的绿叶颇有些意思。

图 4.29　设计师 Andrea Ziino
个人网站，2013

图 4.30　澳大利亚妮维雅男士
清洁用品，2014

图 4.31　韩国苹果树牙科医院，2013

图 4.32　纽崔莱 80 周年，2014

　　同暖色相比，冷色系中的各种颜色蕴含着镇静、踏实与沉稳的心理感受，这更有利于网站在传达各种信息时表现公信力、营造说服力，并呈现一种纯粹、坚实和充满力量的美。在网络媒体日渐成为社会主流媒体形式的今天，这或许是促使冷色重新回归网页配色主流的原因之一。

4.5　网页设计的"红色魅惑"

　　红色为传统色彩理论中的三原色之首，也是网页设计中最常使用的色彩之一。据国内著名网页设计专业网站"网页设计师联盟"的跟踪统计，在两万多个最新网页设计中，红色为主色调的网站有近六百个，仅次于蓝色系网站的九百多个。红色为暖色系中的第一色彩，而蓝色则为冷色系色彩的重要代表，由此来看红蓝两色居网页设计用色的前两位就不足为奇了。

　　从心理学角度，红色有激情、热烈、兴奋、快乐、幸福等正面情感意义，也暗含了恐惧、血腥、惨烈、紧张等负面情绪。因为这些情感意义，在网页设计中，红色不仅仅作为一种单纯的视觉元素进行展示和搭配，更能够成为传达网站主题、产品形象或个人思想的重要语言。Magnum（梦龙）是起源于德国的知名冰激凌品牌，现为和路雪旗下品牌，其中两款产品的脆皮分别为粉红色与巧克力色。2013 年，Magnum 设计了一个网站来进行浏览者喜爱粉红色还是巧克力色的趣味测试。在这里，色彩既是网站形象设计元素，又是内容传播的核心主题。网站页面从中间一分为二，左边为巧克力色背景，右半面则为粉红色，中间还煞有介事地设计两张相应颜色的女性面孔头像，指代目标消费者。

　　红色在可见光谱中光波最长，容易被人发现，并给人以视觉上的压迫感和逼近感，易于让人警醒。交通指示信号以红色警示停止和危险即此道理。在网页设计中，红色的这一心理意义被广泛使用，许多网站采用大量红色意在使浏览者第一眼即关注到网页整体或其中特别要突出的内容。Oakley（欧克利）是美国知名运动护目镜品牌，2013 年该品牌推出最新产品的广告推广与在线销售网站（图 4.33）。主页面中有一处标题、两个按钮及产品一个部件以红颜色呈现。除产品部件为本身色彩外，标题红色意在重点传达"护目镜引入新的空气制动设计"的产品创新卖点，两个按钮一个为"在线购买"，另一个为"寻找更多"，均意在迅速引导浏览者向消费者转化。

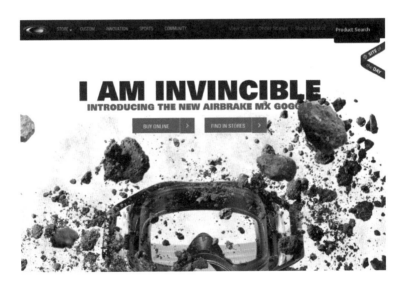

图 4.33　美国护目镜品牌 Oakley，2013

　　同一色彩因明度、纯度等的不同而可能呈现不同的视觉形态和心理感受，因此，在不同在网页设计中，使用不同纯度的红色所传达的主题意义也会不尽相同。尤其是在不同的民族和文化背景下，这种情感差别就更为明显。在东方文化圈里，大红色往往同喜庆欢乐相关，在西方巴洛克和洛可可风格看来，猩红色则最为尊贵和侈靡。但粉红在所有文化圈中都有甜蜜、温情、柔然以及女性化的意义。Dear Mum（图 4.34）是一个专为母亲节设计的互动趣味网站。网站结构和创意均很简单，其允许浏览者在主页输入本人及母亲姓名、浏览者出生日期，以及一张母亲的照片。而后网站自动生成一篇子女献给母亲的"情书"，情书记录了子女学说话、走路、入学、成家等个人成长的全部过程，尤其是网站将这一历程转换成分秒来展现，更凸显母亲为子女辛劳的无私与伟大。网站整体背景为粉红色，洋溢着甜蜜与温柔的气息。在展现方式上，网站借用视差滚动依次呈现全部人生历程，并在最后以淡入方式出现先前所提交的母亲的生活图片，让浏览者通过简易的鼠标滚动，经历一段幸福的"粉红色回忆"。

图 4.34　"亲爱的妈妈"趣味网站，2013

　　网页设计中的红色有时会同其他色彩搭配使用，以醒目的红色指示页面视觉中心，形成鲜明的风格。JAM 是荷兰一家视觉设计机构（图 4.35），其主页信息以拟物设计的方式呈现，每一项内容均被编排在一张看似标签纸或邮票的长方形空间内，所有空间内的文图编排均按照上图下文、居中排列的方式统一起来。首页上的这些内容分别归属于"People""Work""News"之内，三个导航的形态被设计成红色六边形图标，下方编排同颜色的手写字体。红白相间的图标嵌在长方形内的文图之间，与白底黑字正文形成鲜明对比，清晰醒目，传播力强。

图 4.35　荷兰视觉设计机构 JAM，2013

　　红色同蓝色虽在心理意义上差别迥异，但在网页设计中，创造性地将二者融合，有时也会渲染出不一样的荒诞视觉与突破性效果，而这种风格可能非常契合网页的传达内容与主题。NewmusicUSA（图 4.36）是一个致力于传播和资助美国创新音乐作品和音乐家的公益组织，其官方网站首页背景采用了红蓝渐变的色彩效果。从左上角的淡红向中间区域的红紫与深蓝过渡，再逐渐淡化成右下部分的浅蓝。冷暖不同色系的两种极端色彩在同一个背景图形中天衣无缝地结合起来，给人虚幻与跳脱的神秘感。再加上多张音乐家演奏的场景图片融入其中，更添加丰富的剧场现场感。网站用两种差异明显的色彩进行叠加，似乎在暗示所谓的美国"新音乐"极力追求的包容性和创造性。

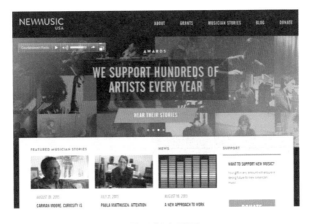

图 4.36　美国新音乐网，2013

　　我们还可以分析很多这样的例子。Rubicon 是一家总部位于萨拉热窝的移动应用程序开发机构（图 4.37），其网站在首页屏显区域内使用了稍暗的红色。因红色充满整个屏幕，仅在页面中心区域放置机构 logo 与一段黑色文字，网页让人看起来不是很舒适，但红白对比也有一番味道。其余页面有效利用红色作为核心关键词的色彩，起到了很好的视觉引导作用。大数据的一天——奥美互动大数据知识网站（图 4.38）是一个精彩的信息设计网站。它将什么是大数据、大数据的作用、人们如何使用大数据以及奥美互动大数据营销目的等内容，通过巧妙的图表设计简约而精确地传达出来。在色彩上，网站将关键词、关键图形以浅红色呈现，同黑色文字形成对照，视觉表现力和信息传播力俱佳。Posterista 是英国一个从事在线海报设计与印刷的网站（图 4.39）。网站提供海报设计应用程序，用户自由选择自己喜爱的图片，并通过自助操作将其编排于网站提供的多种规格的版面上。设计完成后，用户支付一定费用即可通过网站提供的线下打印制作出来。网站使用了红色通栏色条作为标题色彩背景和"海报设计打印步骤介绍"这一核心内容的文字背景。红色清晰醒目，同白底黑字搭配更显整洁有序，重点突出。Trol Intermedia 是波兰一家跨媒体互动设计与互联网软件工程公司（图 4.40），其网站大面积的红色被用作首页顶部标题、导航区域以及主页面部分核心图形的背景色彩，红色背景同白色文字、线形图像图标叠合出现，使页面显得简单、清爽而整洁。页面中下部一些灰色图标在鼠标点击时会转换为红色，同周围白底黑字形成鲜明对比。摄影师 Bernd Kammerer 个人作品网站（图 4.41）集合并展示了大量摄影师的优秀作品。为了让浏览者可以迅速了解摄影师的艺术风格，网站为摄影师的某些代表性作品设计了红底白字的圆形图标导航按钮。鼠标划过按钮

图 4.37　移动应用程序开发
　　　　机构 Rubicon，2013

图 4.38　奥美互动大数据知识
　　　　网站，2013

图标时，后者即变为扩大了的白底红字圆形空间。网站虽作品繁多，但因这些红色图标的出现而显得层次分明，错落有致。

图 4.39　英国在线海报印刷网
Posterista，2013

图 4.40　波兰互动设计公司
Trol intermedia，2013

图 4.41　摄影师 Bernd Kammerer 个人网站，2013

　　色彩作为设计艺术三要素之一，其重要性不言而喻。较之形态，色彩更为丰富和多变；较之肌理，色彩作用于人的感觉直接而迅速。在网页设计过程中，无论作为主体色彩，还是作为辅助用色，红色都经常出现于网页配色方案中。理由很简单——醒目而抓人是任何网站设计的第一要义和最基本需求。

4.6　流行、炫酷与蓝色

　　作为三原色之一，蓝色是所有色彩中最冷的，也可能是种类最为繁多的，细数之下有群青、普蓝、钴蓝、湖蓝、靛蓝、碧蓝、蔚蓝、宝蓝、藏蓝、黛蓝、孔雀蓝、天蓝、深蓝、淡蓝、瓦蓝、冰蓝、水蓝、蓝黑、宝石蓝、锐蓝、蓝绿、蓝粉、白蓝、海蓝、暗蓝、浅蓝、幽蓝、湛蓝等各种名称表述近 30 种之多，虽然这些色彩名称的界定未必十分准确，但至少说明，在实际生活中蓝色使用的广泛性。蓝色也可能是所有色彩中心理意义最为丰富的，无论政治、军事、宗教，还是艺术、文化、社会习俗，我们都可以看到蓝色的存在和人们对它的喜爱。所以，蓝色也可能是拥趸最多的色彩之一，从东方到西方，从男性到女性，任何人都能在蓝色里找到自己的精神寄托与价值再现。

在视觉艺术创作中，无论绘画还是设计，蓝色都有着其得天独厚的优势，也很受艺术家和设计师青睐。法国野兽派画家劳尔·杜飞就非常喜爱"海"的蓝色，他曾经说过："蓝色是唯一一个能够在所有色调中都保持自己特点的颜色，蓝色永远是蓝色，而黄色在暗影里会变黑，在亮处则减淡，红色在黑暗中会变成棕色，被稀释后又会变成粉红。"网页设计作为视觉设计的重要形式，对蓝色的运用更为普及。在"网页设计师联盟"网站的最新统计中，蓝色调网站是所有网站中数量最多的。

从传统意义上来看，男性会比女性更喜欢蓝色，这是因为蓝色有镇静、稳定以及强大的力量的视觉和心理效果，这同男性的价值倾向与情绪喜好更为贴近，这也是许多国家的政治党派和军队很喜爱将蓝色作为主色调的原因。相应的，有许多网站着意通过蓝色，尤其是深蓝色来传播权威、正派和强大的理念。这些网站希望被看作是强大的和安全的，所以频繁地使用深蓝色来传达其正直、严肃、阳刚之气和专业知识。"转会窗口"（transfer window）网站（图 4.42）是一个展示欧洲主要足球联赛球员转会价格的数据网站，网站囊括了欧洲十个主要的联赛球员转会情况，并将球员姓名、国籍、俱乐部号码、转会时间、价格、曾获冠军等繁多的数据资料通过图形与表格设计的

图 4.42 "转会窗口"网站，2013

方式清晰而简洁地呈现出来，图形设计与页面布局充满了信息设计的秩序感和趣味性。网站的背景则被设计为深蓝色，既体现整洁统一，又暗示网站所展现的数据的全面、权威与可靠。

高彩度的蓝色会营造出一种严肃和整洁的心理感觉，低彩度的蓝色则给人一种都市化的现代派印象。如浅蓝所展现的是文静、淡雅和情调，透露着一种健康、治愈感和柔和性。淡淡的蓝色会让人感觉异常放松，易于产生细腻、空灵等让人愉悦舒适的感受。康师傅矿物质水的官方网站即如此（图4.43），网站将瓶贴的主体色彩延伸进来作为首页的主色彩，使整个页面充满纯净、淡雅与健康的调子，恰当地传达了康师傅矿物质水"多喝水，生活更健康"的品质诉求和品牌主张。

图 4.43　康师傅矿物质水网站，2013

蓝色是网页设计领域毫无争议的"流行"色彩，它首先让人们想起天空和大海，这是世界上最普遍、最受人欢迎的两项事物之一，虽然人们也欢迎新鲜的空气和纯净的淡水，但没有色彩，是无法为网页设计这一视觉形态所表现的，也就无法产生惊艳的快感。蓝色的"流行"不仅体现为它在自然界中常见和普遍，不仅体现为它能带给人们那么多的积极与正面的情绪体验，更体现为蓝色的适应性与亲和力。蓝色可以跟许多色彩搭配使用而不显突兀与牵强。蓝色与红色、紫色或黄色这些高热度的色彩组合在一起，可以降低页面冲击度，产生适中的调和感，既能够抓住浏览者的注意力，又不会过于强势和刺激。"齐撑Ruby"是世界自然基金会香港分会发起的保护中华白海豚活动网站（图4.44）。2013年香港小姐评选有一位特殊的参赛者——中华白海豚Ruby，基金会希望以"参选香港小姐"引起人们对香港海域白海豚生存状态的关注和保护。网站围绕这一公益事件，将蓝色与紫色组合使用，以蓝色代表向保护项目捐款，以紫色代表签名支持Ruby参选；蓝色代表了白海豚所需要的无忧无虑的生存环境，而紫色既能展现"参选香港小姐"的Ruby的可爱情趣，又侧面传达香港海域中华白海豚生存堪忧。

图 4.44 保护中华白海豚活动网站，2013

　　蓝色同柔和的粉红、淡黄等色彩结合使用，能给人一种清新、质朴、运动和充满活力的感觉。当我们将蓝色和绿色两种颜色融合在一起时，又可以获得自然的和平与安宁感，广阔蓝天下的温和舒缓的草地，让人的恐惧瞬间得到平复。偏冷的天蓝色与中性的棕色结合则能创造一种环保的感觉，与金属银结合使用又是展现优雅和低调的绝好选择，而深蓝色与白色组合则会展现清新、明快。That Game 是一家全球知名的创意休闲类游戏设计公司，其创始人之一为华人游戏设计师陈星汉。这家公司的作品《旅程》获得了 2013 年国际游戏开发者大会 11 个奖项中的 6 个。公司在游戏设计方面成绩卓越，但其官方网站设计却异常简洁（图 4.45）。淡蓝色背景上，一只微微伸开的放射着朦胧的白色光芒的手掌在空中轻轻划过，整个页面充满了诗意与恬淡。这很符合陈星汉的游戏设计风格，他设计的游戏一贯以恬静舒适著称，他和他的游戏也被媒体冠以了"禅派"的称号，而网站蓝色与白色两种色彩的渐变与融合，让这种"禅意"完美地浸润与挥洒出来。

图 4.45 游戏设计公司 That Game，2013

诸如此类的网站还有很多。西班牙纯种伊比利亚猪的宣传网站（图4.46）的背景采用的是色度较弱的淡蓝色，色彩低调、平和，页面干净整洁。相比于通过深蓝展现权威和专业，此网站在体现其纯粹和独一无二上显得更为自信与沉稳，同时又不失活泼与轻松。福特新蒙迪欧汽车品牌网站，以蓝色为主体，福特logo的主色是蓝色，而蓝色在表现汽车方面也能够很好地体现科技、运动、时尚、权威等心理期待。蓝色在网站中除作为导航按钮的背景色使用外，还在页面开始的动画中，以汽车周身蓝光的形式出现，充满了梦幻感。DAWN是宝洁公司旗下的洗碗液品牌，其保护野生动物的公益网站以"做小事情，促大变革"为主题，宣扬以环保洁净的产品关注和保护野生动物尤其是与水有关的动物的生存状态。网站展现了各种野生动物从天空的浅蓝到深海的蓝黑的不同层次的蓝色生存环境。Powertech是韩国现代汽车能源技术展示网站。蓝色是展示未来和科技感的最佳色彩之一，因此该网站将科技与生活结合，用蓝色点缀网站的多个区域，并配以绿色和白色，更凸显该品牌汽车动力技术的环保与先进。网站中使用的蓝色种类较多，从淡淡的透着灰色的蓝，到深沉稳定的深蓝皆有。Gabia是韩国域名注册机构，作为韩国最大的互联网企业之一，Gabia一直坚持在品牌形象上展示其未来性和科技感，其形象网站充分体现了极简的风格特色。

关于蓝色所蕴含的情感与品质的褒义词有许多，如深度、稳定、信任、忠诚、智慧、自信、信仰、真理、天堂、安宁、平静、诚意等等，这足以说明蓝色在人们心目中的地位与价值。不过，越是流行与普及的也可能越被人们所忽视，蓝色的变化可以多种多样，如何在网页设计中避免千篇一律，如何将色彩搭配同传播主题恰切结合，可能是网站设计中使蓝色展现出炫酷视觉体验的关键课题。

图4.46 西班牙纯种伊比利亚猪宣传网站，2013

4.7 最少色彩创造最大魅力

在现代设计史上，简单色彩运用的典范非 20 世纪初期荷兰 "风格派" 代表人物蒙德里安莫属。其作品《红黄蓝》以粗重的黑色线条统摄起红、黄、蓝三个纯色色块，红色饱满而巨大，占据画面大部分空间，蓝色与黄色两块小区域分列画面下部，极力达成与红色的平衡。《红黄蓝》中除了三原色外无其他颜色，除了垂直线和水平线外无其他线条，除了直角和矩形外无其他形状。蒙德里安以其几何抽象风格深刻影响了现代建筑与设计，尤其是他对三原色的情有独钟更成为现代设计中关于色彩处理的最让人津津乐道的案例之一。

作为现代设计的重要形态，网站设计也是以色彩和图形等视觉要素为主要表现形式的。尤其是网站配色更是网页设计构思的重要内容，是传播网站主题、展现网站个性与特色的关键元素之一。在网站设计过程中，通过有效的色彩创意与对比，即使是简单的色彩也能焕发出无限的深意，这些网站设计用最简洁的色彩和精炼的图形不断实践着建立在蒙德里安等人基础之上的 "少就是多" 的现代主义经典设计宣言。

同蒙德里安的偏爱类似，在以最少的色彩创造最大的网页设计魅力的精彩案例中，红、黄、蓝三原色的使用也最为常见。FontYou（图 4.47）是一个创意字体设计机构的作品招募网站。网站号召字体设计爱好者一起参与创作，通过网络社区相互启发，共同创造有趣的创意字体，并承诺设计者可从字体销售中获益。网站宣称探索一种灵感来自你和别人协作创造美丽字体形态的新方式。网站全页面只采用红、白两色，饱和度极高的红色布满整个页面，充满新鲜感和刺激感，白色则体现于文字之上，红白对比简洁干净，展现着抢眼的活力与和谐感。如果说红白搭配可实现醒目整洁的话，那黄黑搭配则着力体现庄重大气。Greyp 是位于克罗地亚的 Rimac Automobili 公司生产的一款电动自行车。该款电动自行车被誉为电单车中的超级跑车，其续航能力达 120 千米，最高时速可达 86 千米每小时。这么一款 "高端大气上档次" 的电动单车，其网站设计风格自然也是 "高贵" 得很（图 4.48）：整个网页被明亮的蓝色覆盖，黑色的单车实体照片置于页面中央，网站 logo 与大部分文字也以黑色显示。黄色既展现产品高端与档次，又能有效刺激受众视觉情绪，勾起人们探索与尝试的积极欲望。三原色中的蓝色沉静又清爽，试图表现轻松趣味甚至带点诙谐幽默的网站使用蓝色作为单一色彩效果甚佳。来自澳大利亚 Visual Jazz Isobar 设计公司的创意总监帕斯卡尔·范德哈尔和前端开发实习生弥敦道·戈登共同设计了一个充满挑战性的连线小游戏网站"Play Dot To"（图 4.49）。网站共设有 5 关，要求游戏者在限定的 10 秒内通过鼠标移动将网页内的十几个点按照提示的顺序连接成一幅简易图形。网站背景设计为淡淡的蓝色，简洁单纯，从功能上清晰地衬托和凸显连线内容，从情感上则充满轻松与惬意的自在情绪。

图 4.47　创意字体设计机构
FontYou 作品招募，2013

图 4.48　Greyp 电动自行车，2013

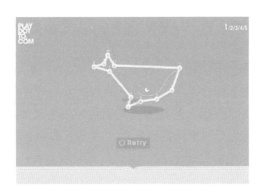

图 4.49　连线小游戏网站 play dot to，2013

　　虽然摄影图片或动态影像一般都蕴含有多种色彩，但为了网站主题的表达，很多网站在设计过程中会对这些本身色彩比较鲜艳的视觉影像进行必要的风格化处理，进而形成了单一的色彩影调，这也是较常见的"少色彩、大魅力"的网站设计策略之一。Envy 是葡萄牙著名服装品牌，其网站（图 4.50）采用了大幅模特摄影图片作为背景，真实图片应是身着鲜艳服饰的女模浓妆艳抹，但在网页显示时却被覆盖土黄色朦胧蒙版，呈现出一种怀旧、低调、内敛的风格，而其他图片导航按钮也配合处理为灰白色，共同营造颇具忧郁深沉气质的暗影调。韩国第二大寿险公司 HanwhaLife 推出了名为"Momtomom"的品牌主题网站。网站主要以影片形式叙述子女成长为父母的历程，展现子女同母亲的生活点滴与深情互动，以表现生命中那些感动人的生活琐事与阶段感悟。影片以回忆的形式，截取不同年龄阶段，讲述成长故事，隐晦传达人寿保险在子女成长中的价值和意义。影片没有渲染过多鲜艳夺目的色彩，而是一直保持着淡淡的色调，配合娓娓道来的故事叙述，让人感动又感慨。

图 4.50　葡萄牙服装品牌 Envy，2013

有的网站在简单色彩运用的基础上，还将充满传播力和表现性的图形融入其中，以精炼的图形配合单一色彩塑造更为活泼的现代极简主义设计效果。总部位于塞内加尔的非洲最大的私人飞机租赁公司 JAX 的网站即如此。网站（图 4.51）以橘黄色为页面主体背景色彩，以黑色作为导航及内容区域色彩，以三角形作为内容区块的设计形态。橘黄色有紧急意味，这符合客户使用私人航空的初衷；黑色有庄重之感，可展现私人航空对客户的严谨、负责及高效服务；三角形作为纯几何图形，有现代意味和科技感，能让人联想到飞行、航空等关键词，而且三角形本身就可看作是航空器的抽象化表现形态。JAX 的网站以橘黄色、黑色色块结合三角图形进行创意设计，这同蒙德里安的几何抽象风格创作有异曲同工之妙。

图 4.51 非洲私人飞机租赁公司 JAX，2013

　　在色彩上展现创意风格的网站还有许多。设计师 liu Yelin 设计有个人网站，网站首页背景为设计师大量个人作品，并被处理为黑白灰色调，页面中部粉红色圆形区域内是网站名称以及作者头像。网站各下级页面一直延续首页黑白灰作品缩略图的背景，并同各个页面中详细的有多样色彩的作品图片产生对比，凸显作品的视觉冲击力。WAAAC 是一家品牌与互动设计工作室（图 4.52），其网站介绍了工作室的主要作品、设计工具、联系方式等多项内容，其中主要作品列举了包括 APP 开发、网站设计在内的近十个项目。网站将每一项内容的图片设计到一台 MAC 的屏幕中，而背景则为某一单一色彩，包括蓝色、紫色、红色、黄色、灰色等。环法自行车赛 100 年纪念网站（图 4.53）首页以明亮的黄色为底色，黄色明亮醒目，代表了运动的兴奋与激情，同时黄色也是环法赛领骑者所穿 T 恤的颜色，代表了荣耀和尊荣。黄色底色上，每一个年份都由黑色数字标记，黄黑组合昭示着环法自行车赛悠久的历史与不可撼动的业内地位。Mobext 是一家创意机构（图 4.54），其前身为 Havas 数字移动广告机构，其网站内容简单，页面的左侧依次为 26 个不同手势的手掌，右侧则为公司业务范围和案例的详细解读，并对应为 26 个英文字母。网页背景为稍淡的灰色，似乎是变幻的手指和文字的表演幕布，页面设计极为简单，但构思巧妙，逻辑清晰，内容翔实。Lucasn Nikitczuk 是一名阿根廷设计师的个人网站。网站将色调设为淡淡的黄色，给人以旧照片或牛皮纸的沧桑感、陈旧感以及厚实沉稳的体验。在淡黄色背景之上，设计师大量作品被设置于画面左侧的圆形之内，结合视差滚动技术，创造出极其有趣的视觉效果。

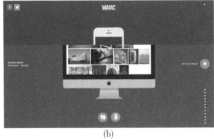

(a)   (b)

图 4.52　互动设计工作室 WAAAC，2013

图 4.53　环法自行车赛 100 周年，2013

图 4.54　创意机构 Mobext，2013

　　总而言之，虽然色彩是网站设计效果的重要展现手段，但色彩运用多寡却并非判断网站风格魅力高低的唯一标准。色彩运用繁多、艳丽会造就夺目的视觉效果，但也可能造成人们过分注意外在色彩，而忽略更重要的网站主题与内容传达的糟糕情形。网站色彩运用单一，但统一和简洁的色彩可能更容易创造秩序感，只要对比恰宜、布局合理，这种纯粹更能展示出相对强度高的视觉感染力和简洁美感。

4.8 百变白色

在所有色彩中，白色可能是最不起眼的色彩，它不如红色艳丽夺目，不如黑色深沉凝重，不如黄色华贵雍容，不如蓝色淡雅宁静。即便是极简主义的设计风格，人们也往往讨论的是色彩使用的减少，而非白色的功效。很显然，虽然白色在理论上是各种颜色光的融合，但白色没有其他色彩那么鲜明的个性，而且在视觉传达设计中白色也无法作为一种独立的色彩存在，而是要跟其他色彩配合使用，所以人们更愿意将其视为一种色调。

从心理学角度看，白色传达了一些诸如纯真、新鲜、洁净、完美、诚实等积极的正向意义。但从视觉效果上衡量，白色却是一个相对中立的色彩，因此在网页设计中常常会被用作网站的背景色。有的人认为白色会比较枯燥、老土、缺乏创意，其实不然。在色彩体系中，白色因其明暗度不同，会借助现实事物体现出许多不同的类别，如乳白、雪白、象牙白、珍珠白、玉米穗白、蕾丝白、米白、亚麻白、古董白、香槟白、蛋壳白、骨白、香草白等，这些白色已经同蓝色、褐色、粉色等其他颜色进行了有机的交融与混合，对这些白色进行巧妙运用同样会造就不俗的视觉效果。

在网页设计中，白色作为背景的用法最为常见，通常也能带给人专业、及时、高效的信息传达体验。Nicolas Desle 为比利时一家数字媒体创意机构（图 4.55），其网站页面主体为简单的白色，公司名称及主要业务方向分别用不同大小的黑色字体显示于画面中心位置。整个主页简单干净，黑色文字信息相对于白色背景而言直观醒目。更有趣的是，网页没有设置导航图标按钮，当鼠标向下滚动时，公司几个设计案例作为网站核心内容从页面上部依次交叠出现，如同一部从结尾开始阅读的图书，及至网站内容结束，页面则呈现为全黑色背景的同首页类似文字编排风格的"欢迎浏览"内容。

图 4.55　比利时数字媒体创意机构 Nicolas Desle，2014

　　白色同蓝色的组合也是网页设计的经典配色方案之一，白色传递纯净，蓝色则寓意平和，二者的结合使得网页意境更为深远。大众高尔夫 2012 款汽车推广网站（图 4.56、图 4.57、图 4.58）就创造了蓝天白云的视觉场效：网站背景为由深蓝向白色渐变的天空，朵朵白云飘浮于蓝天之上，其中位于页面中央位置的大堆云朵为网站主角——新款高尔夫系列汽车的形象，其他云朵则散状列于画面四周位置，一一展示汽车购买的优惠政策、税费减免、折扣价格等信息。网站采用视差滚动的页面运动方式，伴随鼠标的滑动，中间位置大片云朵变身为一本图册，可以左右方向一页页翻动，周围云朵则向页面上部飞去，同时展示出更多的汽车购买信息。蓝色本为冷色，但同白色的中性融合，反而给网站带来一种科技的温暖和亲切之感。

图 4.56　大众高尔夫 2012 款
汽车推广网站，2014

图 4.57　大众高尔夫 2012 款
汽车推广网站，2014

图 4.58　大众高尔夫 2012 款汽车推广网站，2014

　　绿色为环保与有机的代表，白色同绿色结合，则更有助于网站环境友好主题的表现和提升。Andreas Fretz 是德国园艺师。1975 年出生的他在 1997 年经过认真的学习训练和严格的考核后开始了自己的园丁生涯。他的团队包括他的家人和一群志同道合者。在简洁的白色背景下，其个人网站（图 4.59）

将 Fretz 几个字母以绿色藤蔓的形态呈现，其下围绕着辛勤劳作的园丁们。白色是网站的基础色彩，绿色则是网站主体基调。这一白一绿搭配，清爽洁净之风立时呈现。

图 4.59 德国园艺师 Andreas Fretz 个人网站，2014

实际上，白色作为其他色彩的互补搭配几乎毫无禁忌，它还可以同黄色组合使用，以体现阳光、新鲜和营养，二者更是简约网站的标准色彩配置；或者同红色、橙色搭配，以凸显后两者的鲜明效果与强烈刺激。其实，白色的优势在于其对其他色彩的映衬与提升，有较高色彩度的颜色在白色的辅助下会显得更为醒目与单纯。因而，在平板显示设备日益兴盛的今天，白色越来越受到那些可以完美适应各种不同尺寸显示器的网站的欢迎。在愈加狭小和多变的显示空间里，有了白色的陪衬，其他色彩的图像或文字变得更加清晰直接，视觉传达的效率性和信息获取的便利性得到极大提高。谷歌为其广告监测工具 ADwods 设计了一个展示网站（图 4.60），并重点介绍了四个应用案例。网站将一个显示当下时刻的钟表置于页面中间，用绿、黄、蓝和红四种颜色分别代表四个不同应用方向的实际案例，并将表盘划分为四个相同面积的扇形区域对应这四个典型案例。当鼠标移至表盘某一扇形区域时，其对应的区域则呈现特定色彩和相应案例内容，鼠标移出时，页面又恢复白色背景。除了特定区域的四种色彩外，表针和表盘中轴也以相应的四种色彩对照设计。网站颜色丰富，但因为有大幅区域的白色淡雅背景，画面并不显杂乱，反而更充满趣味。

白色在网站设计中的应用极为广泛。Aiddcc 是位于日本大阪的一家互动设计公司的网站。该公司业务包括了网站设计、游戏设计、应用程序开发甚至室内设计、空间规划和艺术活动等。网站结构与图文编排样式较为简单，白色背景上以黑色文字展现公司新闻、作品、案例分析、奖项、公司介绍、

图 4.60 谷歌广告监测工具 ADwods，2014

人才招聘、联系方式等诸多项目，风格简练、内容清晰。Acer 纯白一体机展示网站充分体现产品特点。该款产品采用纯白主机，标配雪白同色键盘鼠标。网站以白色为主体色彩和页面背景，配合黑色文字、蓝色和绿色图形展现简洁、清新、淡雅气质。其中蓝色用于人物模特服装色彩和广告片文字链接按钮，绿色用于 Acer 与 aspire 两个品牌图标。"白"既是产品色彩信息传达，又是品牌个性气质展现。Happy photo studio 是日本大阪一家儿童摄影机构。白色背景和手绘文字图形是网站的最大亮点，在纯白色背景上，黑色铅笔形态的手绘图形或为页面插画，或为实景图片的框架条纹。导航按钮为手写英日对应文字，鼠标移过时，在白色网页背景上又会呈现各种颜色的云朵形背景色块，色彩搭配活泼俏皮。Goose bumps pickles 是印度一家售卖泡菜的电子商务网站。网站以白色背景、黑色文字配合大幅产品实景特写照片，图片有鲜艳的红色、娇嫩的粉色、奢靡的紫色、高贵的黄色等等。多种色彩的泡菜产品同网站单纯简洁的白色背景组合在一起，将人们的注意力顺利转移到产品身上。网站也因此连续多年被评为最佳视觉设计电子商务网站。香港设计师许李严建筑设计事务所网站，主页为白色背景上不规则排列的长方形黑白图片，均为设计师经典的建筑设计作品。鼠标滑过图片时，其由黑白转化为彩色。图片横向排列，错落有致，有现代主义建筑的格局特色。图片同页面大幅留白巧妙配合，使整个页面简洁大方，同时体现设计师的建筑设计理念。

5

空间问题

5.1 空间的特征

什么是空间呢?《中国大百科全书·美术卷》中提出,"在美术中,空间表现为多维性的层次。线是一维空间,面是二维空间,体称为三维空间,含有时态和内空间内容的空间称为四维空间"①。在此基础上,有人甚至提出五维空间、六维空间、七维空间的说法,"超现实的空间画面表现为五维空间,传递出历史意义的空间表现为六维空间,赋予文化意蕴的空间表现为七维空间"②。实际上,我们认为,空间不仅是艺术表现的内容,更是艺术思维的类型。以最为典型的绘画艺术为例,高振美认为,"绘画艺术思维是人类最高层次的一种思维结构,它对客观世界的反映绝非仅仅是一种方式,而是多层次、多序列、多变化的灵活的能动的思维空间"③。高振美同时提出,认为最初的绘画艺术是象征型的,"意象"是象征型绘画艺术思维的核心,如最古老的书写符号与原始岩洞壁画。意象的表现使得绘画空间从零维步入二维,"手印、符号、野牛、野马、驯鹿等,这些活跃在原始人脑海里的表象思维,只有同有意识地塑造形象的欲望结合起来,并且凭借色彩、线条等造型手法表达出来,这就是表象思维的艺术升华,即原始社会的象征型绘画艺术思维,也就是人类绘画艺术思维的第一空间"④。在这个过程中,"人类从点的零维空间进入到线刻、线画的一维空间,后又进入到绘画的二维空间,进入到人类最

---

① 胡乔木. 中国大百科全书:美术卷 I [M]. 北京:中国大百科全书出版社,1993.
② 曹方. 视觉传达设计原理 [M]. 南京:江苏美术出版社,2005.
③ 高振美. 绘画艺术思维的新空间 [M]. 北京:朝华出版社,1999:17.
④ 高振美. 绘画艺术思维的新空间 [M]. 北京:朝华出版社,1999:18.

初的二维岩画表现的空间。这是人类思维的伟大飞跃"①。

人类艺术表现空间的第二个阶段则是绘画艺术思维的古典型空间，即从二维步入三维的直观的表现空间。欧洲文艺复兴时期的科学自然主义精神影响着绘画艺术思维向着新的理性空间思维发展，"西欧表现自然的传统是建立在扎根于科学的理性基础上，透视远近法、人体解剖学融入绘画与雕刻之中，使之更富有立体实感的效果，使绘画从二维的象征式绘画空间走向三维的直观式绘画空间"②。达·芬奇用"镜子"来比喻绘画创作，佛罗伦萨画派热衷于探索透视法则与解剖学，荷兰画派以写实为传统、以纯朴为特点，形成独立的表现大自然的美的风景绘画等，无一不体现着自然主义三维空间的特点。因此，"文艺复兴的伟大改革在于，他们通过透视法和色调，在平面上准确地再现了立体的世界。那时，他们以新的、科学的理性眼光来观察世界。在绘画中采用了视错觉，艺术对人有着新的吸引力，而焦点透视法、写实的形象、有立体感的造型就成为当时人们的新审美要求"③。

及至 19 世纪下半叶，印象主义横空出世，成为直观式绘画艺术思维与现代型绘画艺术的分界线，标示着绘画艺术思维的现代型空间，即从三维步入四维的观念空间的诞生。以毕加索为例，他用垂直几何造型表现立体空间，并将时间概念引进了绘画，以运动的视角体现不同时空的体和面。他的立体主义、超现实主义绘画是以这个时期科学领域中的爱因斯坦相对论的视角构成了绘画艺术思维的现代型空间，创造了从三维步入四维的时空观。在《亚威农少女》这幅画作中，我们看到作品中不再有深度空间，人物在画面的前景，右边坐着的人同时呈现出了她的侧面及背面，这是违背传统透视法的。然而，人的存在是立体的，有正面、有侧面、有背面，作品着力于表现所有的部分，而不是仅从一个固定视点去表现。在画面的左边有两个正面的脸，可鼻子是侧面的，就这样把不同视点所见部分有趣地结合在同一形象上了，使画面既是三维又是四维或是多维，从直觉上整体改变了绘画世界。

绘画艺术的空间观念直接影响了现代视觉传达设计尤其是网页设计的空间思维方式。相比较与从零维到四维的艺术思维空间探讨，在网页设计中我们更加关注两个问题：一是网页整体空间的布局问题；二是网页立体空间的营造问题。

---

① 高振美. 绘画艺术思维的新空间 ［M］. 北京：朝华出版社，1999：20.
② 高振美. 绘画艺术思维的新空间 ［M］. 北京：朝华出版社，1999：22.
③ 高振美. 绘画艺术思维的新空间 ［M］. 北京：朝华出版社，1999：25-26.

　　网页整体空间的布局是页面版式结构的创意设计问题。网页的版式是将文字、图形、图片、动画、视频等元素进行合理组合，以更好地传达网站信息。网页版式有框架结构和不规则结构两种方式。框架结构（图 5.1、图 5.2、图 5.3、图 5.4）是网页版式设计的基础，它与传统的报纸、杂志版式编排有相似之处，都是在限定的版面区域内组织信息，都可能包含标题、目录、正文、图形、图像等内容，只是网页的信息内容可以随着访问的互动而产生变化。具体来说，网页的框架版式有通栏、双栏、三栏、多栏等样式。不规则结构（图 5.5、图 5.6、图 5.7、图 5.8）的网页版式设计风格更加自由，打破单纯的页面分割形式，使网页空间排布更为随意洒脱。它会采用诸如曲线、斜线、对称、中轴、三角、分割、自由排列等多种个性化版式设计手法，在满足传递信息要求的基础上，创造更强烈的视觉冲击力。

图 5.1　葡萄牙橄榄油品牌橄露，2019

图 5.2　意大利安保品牌
Climbing Technology，2019

图 5.3　意大利安保品牌
Climbing Technology，2019

图 5.4　摄影师 Jonty Davies
个人网站，2019

图 5.5　营销机构 Angle2，2019

图 5.6　果汁产品 Kombu，2019

图 5.7　2019 年意大利 Fatfatfat
艺术节，2019

图 5.8　加拿大 AKFN 设计
工作室，2018

　　网页立体空间的营造是如何在二维的界面中营造出更多样的三维立体空间、四维运动空间的方法问题。我们认为，有三种方式值得探讨，一是以立体造型凸显空间感；二是以色彩差异营造空间感；三是以影像本身制造空间感。

　　空间来自立体造型。点线面本身属于平面要素范畴，但点线面的组合造型却能创造立体的空间特征。正如本书第 3 章中提到的，屏线排列的图形，可以表现出图形的层次感，更能表现动态的效果，给人以愉悦和速度感，甚至表现出三维立体物形的动感效果。因此，在页面设计中，"通过贴图和光线效果，可以创建出难以置信的'真实'物体和创造绝妙逼真的空间。立体要素空间是各种空间类型中最接近真实的空间，也是最通俗易懂的空间类型"①。有时候，当二维图形与三维图形混合存在于一个页面之中，它们往往也能以混维的方式体现出空间维度的交错性。这种交错性的空间效果能给人以迷惑的、震撼的和感人的情感触动，使人对空间的感受感更加强烈（图 5.9、图 5.10）。

————————

　　① 康修机，田少煦．数字图形的空间语言探究［J］．文艺争鸣，2010（5）：149.

图 5.9　日本设计机构 Unshift，2019

图 5.10　网页设计的历史，2019

　　空间来自色彩差异。人对色彩是相当敏感的。色彩要素构成空间主要是
"通过色块造成的色彩层次来体现的"①。色彩由于色相、明暗、浓淡、冷暖
不同，所产生的对比效果形成空间的感觉，同时也可延伸产生色彩心理空间。
正如本书第 4 章中提到的，出现在同一页面中的色彩，因为其前进、后退的
差异，给人产生不同的空间距离和心理距离，从而形成色彩的立体感（图
5.11、图 5.12）。

图 5.11　日本 A&S（艺术与科技）
　　　　　设计机构，2019

图 5.12　墨西哥道奇汽车，2019

　　空间来自影像运动。运动要素参与的结果是形成四维空间。运动的四维
概念是在空间的架构上即普通三维空间的长、宽、高三条轴外又加了一条时
间轴。在日常生活所提及的"四维空间"，大多数都是指爱因斯坦在他的"广
义相对论"和"狭义相对论"中提及的"四维时空"概念：时间与空间构成
了一个不可分割的整体——四维时空，能量与动量也构成了一个不可分割的

---

　　① 康修机，田少煦. 数字图形的空间语言探究 [J]. 文艺争鸣，2010（5）：149.

整体——四维动量。物质的能量会随着速度的改变而改变，以物质的速度为
参照系进而形成时间的变化与空间的推进。

在康修机等学者看来，运动并非独是影像的特性，在视觉传达设计中，
静止的图形同样可以产生运动。康修机等把形成空间的视觉运动归结为两种
形式：第一种是图形的内部运动。这种运动时间是静止的，空间体现的仅仅
是视觉导向的运动。"通过图形画面元素的诱导与暗示，使观者按照设计者的
意图向一定的顺序进行运动。这种运动受视觉元素制约、注意力价值差异、
视域优选所左右，这种视觉运动存在一定的规律。"① 第二种是图形的外部运
动。这种运动的时间不是静止的，而是"静态的图形通过时间的变化，造成
连续的空间"②。这种运动更像是影像的运动，动态图像具有时间连续性，适
合表示过程，易于交代事件，具有更加丰富的信息内涵，具有更强、更生动、
更自然的表现力。在以下两个网站中（图 5.13、图 5.14），首页会随着鼠标
的移动，分别出现流线与方块变化的运动效果。

图 5.13　荷兰设计公司
Stereo Design，2018

图 5.14　加拿大 AKFN
设计工作室网站，2018

5.2　创造网站"深度视觉"

有"深度"的网站并非指那些有着繁复的页面结构和内容层次的网站，
而是指那些在简单的平面空间里，通过艺术技巧让人产生强烈纵深感与立体
三维效果的网页设计作品。这些网站采用折叠、凹凸、阴影、光效等独特艺
术设计手法，使页面产生与一般平面矢量或像素图形不一样的立体浮雕或三

---

① 康修机，田少煦. 数字图形的空间语言探究［J］. 文艺争鸣，2010（5）：160.
② 康修机，田少煦. 数字图形的空间语言探究［J］. 文艺争鸣，2010（5）：160.

维空间效果，页面更丰富、更有层次感，也更具视觉冲击力。以显示屏的二维空间表现深度三维视觉效果与网页设计常见的平面风格迥然不同，后者更注重构图、版式和色彩，其网站往往给人一种通透、完美与赏心悦目的感受，阅读感强烈，舒适惬意。强调展现深度三维视觉的网站设计则更注重画面风格跳脱、元素一体化以及页面的震撼性与冲击力。

　　使用简单的 3D 设计元素是体现网站页面空间感的基本方法，这些通过绘图软件创造出来的特殊效果在网页中可以表现为一个小型的导航链接按钮、一条彰显构图特色的装饰色带或一块单独的文本展示区域等。Sarah Longnecker 是一位美国视频编辑师，其个人网站（图 5.15）主体部分被设计成一个软皮笔记本，浅灰与淡蓝的两条长短不同的丝带缠绕着本子。两条丝带被处理成直角折叠的效果，使得网站内容一下子从平面空间里跳脱出来。

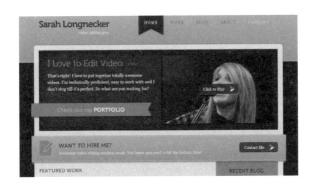

图 5.15　美国视频编辑师 Sarah Longnecker 个人网站，2012

　　有的网站着意于通过突出图形的透视关系来创造视觉空间的深度迷幻。法国标致为其五款汽车设计了挪威语品牌网站（图 5.16）。主页画面为五款汽车围绕中间的巨型钢铁支架广告牌呈放射状排开，网站背景为清晨的天际，淡淡的霞光透过云层四射而出，前景的汽车静静矗立在这一静谧、神圣的氛围之中。车前的立牌、地面的倒影都凸显出整个页面的空旷与神秘。acko.net（图 5.17）也是一个典型的以透视体现页面空间美感的例子。它不同于标致汽车实景画面透视，而是以简单的线条交错形式构建现代感与机械感强烈的空间效果。多条不同颜色的 3D 立体彩带在页面右上方交会并继续向页面深处延伸，网站 logo 文字与导航条随着色带的延伸方向排列，整齐有序，节奏鲜明，让人有置身梦幻空间的感觉。

图 5.16　标致官网，2012　　　　　　　图 5.17　设计机构 ACKO，2012

　　平面图形的阴影设计在体现网站空间深度方面也很有优势，简单的阴影处理结合透视关系能让图形产生悬浮于页面之上的视觉幻想，将图形从平面上拉起来。Wing Cheng 是一位图形与网页设计师（图 5.18），其个人作品网站被设计成一本打开的类似中国传统图书装帧样式经折装的笔记本，封面封底与每张页面旋转 90 度后沿网站自上而下依次展开，纸张因高低位置不同产生清晰空间透视和阴影效果，展现出清新洗练的空间立体美感。

图 5.18　设计师 Wing Cheng 个人作品网站，2012

　　除此之外，网站主体图形的自由运动也是体现页面深度与空间感的有效方法，无论这种运动发生于页面载入之中还是之后。网站的运动往往是浏览者互动操作的结果，跟一般网站通过鼠标点击进入其他页面的"切换"方式不同，这类"深度"网站的页面内容转换可能更像是人们在立体空间里变换不同的角度观察某一物体，页面之间的转换更自然协调，少了一些直接和呆板，多了一份活泼与谐趣。一个名为 Plantate 的网站在页面中间设计绿色地球，四株松树分别位于地球的不同位置，浏览者可以通过滑动鼠标控制地球自由转动，进而选择点击观看四株松树所代表的不同内容。Ecoda Zoo 动物园的网站也设计了可以通过鼠标控制观察方向与角度的大树。内页介绍各种不同动物的故事时，更将各项内容设计在了一本立体书上。每翻一个页面，关于动物的故事便以立体卡片的形式展现在页面之上，转动鼠标，我们还可以从前后左右以及空中等不同角度欣赏图片故事。

有的"深度"网站甚至囊括了我们上文提到的所有艺术技巧和设计方法。"Jeep 我们都是自由客"（图 5.19）就是这样的例子。"我们都是自由客"是知名汽车品牌 Jeep 以营销"生活方式"为创意核心的品牌微网站。网站共提供了 5 部微电影，以先锋青年的形象向消费者讲述"Jeep"所代表的"自由客"精神。网站的载入过程中很有新意，在一个方方正正的立体空间里，一块块大小不一的石头从天而降，堆砌成斜角正对浏览者的方正平台，继而一辆 Jeep 自由客降落在平台上。整个过程伴随着"咔咔"的机械部件咬合的独特音效。每块石块都以不同的空间感呈现在我们面前，并作为一个导航栏目存在。当鼠标划过时，对应的栏目条就相应出现一块 3D 绘制的具有透视感的立体式文本展示区域，充满空间感和趣味性。

图 5.19　我们都是自由客，2012

这种设计风格的网站还有很多。The Amplifetes 是一支来自瑞典的四人乐队，其专辑的互动音乐游戏网站以平行透视方式设计主页画面，画面背景为璀璨闪耀的宇宙星河，近景为线条构成的岩石、道路与山峰。两排整齐的由机械线条速写的山峰直伸向星河中间部分耀眼的白光区域，整个页面空间开阔，充满强烈的无限纵深感。Adobe Creative Suit2.3 的功能介绍与效果测试网站主体为由数不清的墨迹汇聚组成的三个 3D 球状墨滴，鼠标可在三个球体间自由选择，被点击者即变换出不同的 3D 插画图形，分别形象地介绍软件丰富的图形表现效果、强大的图形创意功能和高效率的图形处理能力。

立体式插图的背景阴影效果更加深了画面的视觉空间。隶属于 Qi Home 公司的产品设计品牌 Beauty Meets Design 的官方网站主页画面为写实的家庭卧室生活空间，"Qi"形态的金属造型物立于画面前方，"Qi"形金属环的灯光与阴影效果很自然地将其同卧室空间分开。卧室床头柜位置分别有两个导航按钮，点击链接，背景卧室空间虚化，前景"Qi"形金属环与具体家具电子产品展现，即可翻页逐一阅读。"黑色力量"联想 ThinkPad X1 Carbon 超级笔记本微网站被设计成同笔记本形象协调一致的深黑色，体现出严谨、科学与庄重。黑色天幕下，一股亮光作为背景映照如煤炭矿石一般黝黑的地面和突起，一台深黑色笔记本以不同姿态悬浮于矿石之上。五个空间感强烈的页面之间的转换也极为震撼：地面不断隆起黝黑的矿石，碎石四溅，黑尘翻腾。在英国方圆（Sqcircle）创意机构的网站设计中，阴影效果的使用是最大特点，网站主要内容均以照片或便签形式或粘或订或吸附在页面纯白背景上。照片与贴纸下方两角微翘，形成淡淡的阴影效果。网页还采用大量自然撕开的纸张作为设计元素承载信息，纸张撕开后形成的不规则边缘也在页面上留下自然而随意的阴影。

网站的类型多种多样，网站风格也应因网站内容与传播目的的不同而有所区别和差异，对于娱乐性强、有游戏需求或者为彰显品牌个性的讲求艺术设计技巧的网站来说，以立体化、大纵深的空间感吸引和震撼浏览者不失为一个绝佳的选择，但对于以传播资讯和提供综合化信息服务为主的新闻网站、门户网站来说，却未必适合。

5.3 超现实主义的奇幻与玩味

"超现实主义"是第一次世界大战后在欧洲流行起来的艺术观念，尤其在文学、绘画、摄影以及电影艺术领域影响深远。"超现实主义"受弗洛伊德精神分析心理学的启发，注重在艺术创作中表现超理智、超现实的梦境或幻觉。在网页设计中，超现实主义风格往往通过手绘图形、卡通绘画或者对真实照片进行个性化处理来实现。

超现实主义网页设计中为了凸显其怪诞与趣味性，经常会将夸张的手绘图形同部分真实图像结合，以表现怪异与非理智。"get happy"是大众汽车

2013 年的广告宣传主题，大众汽车公司为此设计了品牌宣传网站（图 5.20），该网站以广告语 "get in, get happy" 为标题，借用美国摇滚明星吉米·克里夫的名曲《C'mon Get Happy》，创造了一个 "一起来寻找快乐" 的怪异搞笑又生动有趣的生活场景：吉米驾驶着大众汽车边走边唱，而后面几个怪诞的简单手绘人物列队其后，这些怪异的人物头部为电视或电脑显示屏，手中则拿方向盘、橄榄球、汉堡、可乐等各种生活中的常见物品，分别扮演着 "爱挑剔的食客" "聚会上大煞风景的人" "痛苦的失败者" "暴躁的通勤司机" "科技泡沫的受害者" 等现代生活中经常无法快乐起来的人群。列队的人们步履沉重，天空中漂浮着的云朵则时而阴郁、时而晴朗、时而大雨倾盆、时而雷电交加。这些标记着问号的电脑屏幕同时也是特意为参与网站活动的浏览者设计的头像上传区域，浏览者可以将朋友们的照片一一上传，并将 Flash 地址分享给他们，邀请生活中备受烦恼困扰的人们忘掉不愉快，一起感受大众汽车的 "happy"，这些荒诞的画面与人物形象充满了浓浓的戏谑与自嘲，玩味十足。

图 5.20   Get happy, 2013

浮动式岛屿是超现实主义风格的网页经常采用的创意元素，这些岛屿式的充满矛盾与荒诞的图形经常作为视觉中心出现在首页的中间位置，周围区域则大量留白，间接地形成一种网页设计的极简风格。"媒体引擎"（Media Engine）是澳大利亚一家著名的创意机构，其专业领域包括了品牌设计、印刷设计、网页设计、广告、影像、摄影与印刷管理等。"媒体引擎" 网站（图 5.21）首页为一个漂浮的岛屿，上部为城市、高山、河流与绿地，下部则为如丛林般密布的水晶。漂浮的岛屿如同人的大脑，既喻示了创意机构的智慧，又彰显着超现实主义梦幻与超然的气质。浮动岛屿在网页设计中也可以多座结合的形式呈现，进而使整个网页构图更丰富，离奇与怪诞的意味更浓。循环生活方式（Recycled life forms）网站首页呈现了三个形态不一的浮动岛屿，这三个岛屿式 flash 图形均以怪诞与幻想方式展现自然界循环的意义，它们在网站功能上没有作为超链接或导航使用，而仅仅为突出网站主题，并增加画面的独特艺术效果（图 5.22）。

图 5.21　媒体引擎，2013　　　　　图 5.22　循环生活方式，2013

　　超现实主义的网页设计可以严格师从艺术大师的绘画风格，创设完全梦境似的混沌与杂糅；也可以不必那么意识化，而仅仅表现为一种超脱于常理和一般理智的现实与想象结合的超级视角。前者如巴西平面设计师 Priscilla Martins 的个人作品网站（图 5.23），后者如 The North Face 的品牌活动网站"去发现　另辟之径"（图 5.24）。生于 1984 年的巴西女设计师 Priscilla 将自己的网站装扮得像超现实派绘画的作品集，其首页图片为：针点密布的网状背景下，画面混杂了赤裸但没有人脸的女性人体、布满天空的乌鸦、特写的打字机、弥漫与浸染的黑色水墨以及菱形平行四边形与斜线，画面充斥着混沌与变形。不仅首页如此，设计师的其他作品也都在试图表达其对超现实主义大师们的推崇与喜爱，网站另一幅大图片背景展现的是艳丽纷杂的植物纹样同天空、鸟群、白云的梦幻融合。"去发现　另辟之径"网站则以独特视角展现从地面到地下的神秘之境：一条弯曲如舌状的道路从天空蜿蜒深入到极深的地下，浏览者通过滚动鼠标，感受真实场景同怪诞绘画结合的奇异，从而更加凸显"探索未知的秘境"的网站主题。

图 5.23 平面设计师 Priscilla Martins 个人作品网站，2013

图 5.24 去发现 另辟之径，2013

　　诸如此类的网站还有许多。葡萄牙设计机构 Raygun 的网站（图 5.25）是典型的浮动岛屿式超现实主义网页设计。网站首页是一座漂浮于外太空的移动岛屿，右上角的蓝色星球清晰可见，灯塔、小屋、超大灯泡、身着闪电披风的雷电小超人、小狗与唱片机、船锚与星云等等，构成一幅超级怪异的有趣画面。"恒禾七尚"是厦门一座商业楼盘，自称为"海岸线上的建筑艺术"，因此，其网站（图 5.26）在表现上大量使用了圆润与柔和的曲线，以曲线构成网站所有图形的边框，真实的城市与建筑场景被局限在漂浮着的圆润的云朵或鹅卵石之中，创造出别有味道的海滨梦幻风情。2013 款现代圣达菲宣传网站的首页将汽车、房子、树木、架子鼓置于一个缩微的视角之内，就像是某些玩具或模型，尤其是车库的虚假同汽车的真实产生明显的对比，让人有处身梦境的感觉，进而产生强烈的趣味感和把赏心态。成都绿地·锦天府楼盘定位为"敬献世界的天府文化官邸"，广告语为"思你所想"。从广告语与楼盘定位看，颇为大气，其网站首页采用由大量银杏叶组成的暗金色的棱镜图形，部分页面还在棱镜中不时闪过奔马、虎符的图像，体现出楼盘梦幻般的高雅、厚重与奢华品位。互动设计师安德鲁·麦卡锡的个人网站是个简单而纯粹，但令人叫绝的网站。网站对设计师的介

图 5.25 葡萄牙设计机构 Ray Gun，2013

绍只有寥寥数语，然后便提供了几个作品链接。但网站在多个纯正浓烈的色块过渡中设计了一个由网纹组成的豹子的形象，并通过视差滚动创造出豹子飞速奔跑的绝妙效果。

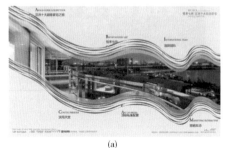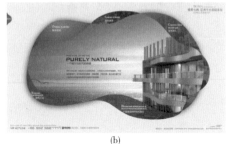

(a)   (b)

图 5.26　恒禾七尚，2013

　　网页设计较之图形设计、产品设计或环境设计来说是新兴的设计形式，更无法同文学、绘画、摄影、戏剧等艺术形式的丰富历史相比拟，但正因为网页设计的年轻，也决定了其设计风格与样态的多元、包容、创新与兼容并蓄，超现实主义风格虽然不是当下网页设计的潮流，但并不影响浏览者和设计师对它的喜爱与热衷，偶尔的尝试甚至会让人眼前一亮。

5.4　网格式页面的设计意趣

　　2012 年 10 月，微软在全球范围内发布了其能够融合 PC、平板电脑、手机、电视、游戏机等多种终端的新一代操作系统 Windows 8（图 5.27）。这款最新操作系统在界面设计上不同于苹果操作系统使用阴影、渐变、高光等表现实物纹理的拟真视觉效果，而是倾向于以所谓"扁平化"的方式简单直接地将信息呈现，并在页面上以简洁排版方式造成网格式的现代化风格。

　　网格式的页面特色首先得益于"扁平化"的图标或按钮设计，这种同拟物化完全不同的设计创意更注重图像信息的简约直白。就像建筑设计在 20 世纪针对繁复与装饰兴起了"形式服从功能"的极简主义一样，"扁平化"被很多人看作是人们对多年来界面设计过度雕琢的突破与逆袭。不过，我们无法证明在界面运用中扁平化设计一定能比拟物化设计带来更多的点击量，"扁平化"或"拟物化"更像是人们在长期习惯了某种风格后，设计师们为了创

图 5.27　Windows 8 操作系统

新和脱颖而出，而做出的反其道而行之。建筑设计风格的历史演变也证明了这个道理：20 世纪 60 年代，简单而功能至上的建筑发展到极端，人们开始感觉乏味与厌倦，强调文脉与装饰的新现代主义、后现代主义便成了人们的新选择。

　　扁平化的设计策略让网格式网页成为可能——不仅仅一个图标或应用程序成为"扁平"的，一个页面也被图画化与整合化。谷歌浏览器的网上应用商店（图 5.28）即如此，网页被垂直分隔为两大区域，左边为应用程序分类与目录区域，右边为大量应用程序图片编排而成的网格式页面。在越来越多的浏览者习惯于通过移动终端设备选择各种应用程序的状况下，这样的应用商店布局和设计更能与使用者长久形成的认知习惯和使用体验相符合。

图 5.28　谷歌浏览器应用商店

　　网格式页面在分类展示大量并列信息时有得天独厚的优势，因此许多博客网站、新闻网站或个人网站更愿意使用这样的设计风格。Bernd Kammerer 是一家摄影工作室（图 5.29），其作品涵盖了人物、汽车、风景等多个类别。网站在页面设计中，竖向分三列、四列不等，作品图片之间分区块交错排列，红色圆圈内则编排关于工作室的"新闻"内容。鼠标滑过图片，相关的作品信息便在图片底部呈现，鼠标退出时，整个页面又恢复简洁、干净、一览无余的状态。

图 5.29　Bernd Kammerer 摄影工作室，2013

　　相比于那些经过复杂创意与精心编排的充满装饰性与个性化的"花式"页面，网格式页面虽然缺乏了百般雕琢的形式美感，但其透露出来的简单却有着其他页面没有的不需要浏览者过多思考才能体会到的秩序与平衡。网格结构本来就是网页设计的基础，网格式页面编排不过是回归传统与设计的质朴。这种回归在繁杂的页面设计风格中创造了新的视觉导向方式，让页面中的各项内容既整合统一，又各自独立。RVLT 是丹麦著名的时尚服装品牌（图 5.30），其官方网站页面编排采用了导航按钮同服装图片随意式组合的网格布局方式。浏览者可随意点击页面中的任何位置并向左右两个方向拖曳，如同翻书一样，被拖曳的页面会不断变换。在新出现的页面编排组合中，"About" "Stores" "Connect" "Facebook" 四个导航按钮会同其余图片产生不同的位置组合状态，呈现无比的趣味性。这种位置多变的页面编排虽然看似杂乱，但其实图片与文字之间的组合逻辑性与完整性并未受到影响。同时，图片的丰富色彩同文字导航的大量留白反倒形成强烈对比与反差，使得网格式页面的简洁与时尚特性更加显露无遗。

图 5.30　丹麦时装品牌 RVLT，2013

　　诸如此类的网站还有许多。《远离树》（*Far From The Tree*）是美国国家图书奖获得者 Andrew Solomon 2012 年出版的社会学图书，讲述了一些拥有特殊孩子的家庭如何处理父母同孩子之间关系的故事。其官方网站首页采用大量人物图片编排，其中某四张上下左右相邻的图片当鼠标移过时会变成粉红色块，进而组合成为图书某一章节试读内容的导航链接。意大利时尚品牌迪赛的产品包括了男女式服装、鞋子、包、香水、眼镜、珠宝、耳机、头盔、自行车等。迪赛（Diesel）的网站用许多不同的色块来区分这些不同的产品类别，大量留白的文字色块同简洁整齐的图片色块结合起来共同展示同一种产品，但二者并不局限于固定的左右位置上，整个页面显得空旷、整齐与统一。东道是国内最具规模和影响力的综合性品牌战略咨询和设计公司之一。为了展现公司实力，东道设计将大量的设计作品呈现在其官方网站上，并采用简洁的网格式排版形式。不同的是，东道网站各作品图片之间并没有几何线条区分，所以相互之间的联系似乎没有别的案例那么明显。博客收集分享网站 Mvben 搜集了大量个人博客内容，其中大部分为设计作品。页面设计为并排的四列，所有区块均大小相同，图片上方为标有时间的白底黑字色条。点击作品后，网页上方以下拉形式出现的作品页面也为方形区块，左为灰背景的作品图片，右为白底黑字作品注释。斯洛文尼亚摄影师 SamoVidic 的官方网站首页采用简洁的网格式图片编排形式，全页竖向分五列，鼠标移至该列时，该列图片明亮，并可通过鼠标滚动上下变换图片，其他四列则覆盖灰色蒙版。鼠标在不同的阵列之间滑动时，页面会呈现交替明暗变化的有趣效果。

　　如同文中所提到的，网格本就是网页设计的基础框架，拟物化的设计以及人们对网页设计强烈的拟真体验需求促使网格通过阴影、渐变、高光等方式立体起来，而所谓的"扁平化"设计则是让网页风格重新回归平面。虽然现在人们对"扁平化"的提法尚有异议，我们更无法断定扁平化网站是否比拟物化网站更能吸引人们关注与点击。但无论如何，在以苹果操作系统为代表的拟物化设计大行其道之时，出现一种完全不同的风格也不失为撩拨使用者和浏览者兴奋情绪的好现象，毕竟越多的页面设计风格出现，越会让互联网显得丰富多彩与个性十足，这才是互联网自由与开放的精神所在。

5.5　当信息图表遇上网页设计

信息图表设计是信息设计的重要分支，其兴起原因是 20 世纪末期信息技术对平面设计的介入，并最终导致后者的多样化表现。美国学者道格·纽瑟姆在 2004 年提出，信息图表的种类非常多，图表、图形、地图、图解、表格、列表等均是信息图表的重要形式。在视觉传达设计，尤其是平面媒体如报纸杂志等的版面设计中，信息图表以其超越纯文字的新颖、直接的传达特性吸引了众多在繁乱的媒体信息面前不知所措的读者。作为平面视觉向深度层面与互动模式延伸的网络媒体，信息图表也愈来愈多地出现在其主页面设计上，成为网页设计的一大亮点。

信息图表设计最常见的类型为时序性图表，以时间轴图为代表，这种图表以时间信息为基础，描述空间或事件在空间中的先后流动变化。亚当（Adam）是一个年仅 21 岁的波兰平面设计师，尤其擅长网页设计及界面设计，在三年的从业经历中，Adam 获得了 3 个国际性奖项，先后完成了 150 多个设计项目。在其个人网站上（图 5.31），Adam 采用时序性图表的方式回顾了自己的设计历程：第一件作品诞生，第一个商业网页设计，第一次同广告代理公司合作，第一次获专业奖项，第一次成为公司艺术指导等。但在具体性的数据展现上，Adam 设计的是独立的六边形图标，粗黑体数字置于六边形图标中心位置，数个六边形图标一字排开，构成并列性数据图表。

通常情况下，饼状图是信息图表中展示数据内容之间比率关系的最有效方式之一。纽约互联网营销机构 Adcade 的网站更突破一般平面图视觉冲击力较弱的局限，利用网络的流媒体特征，创意出平面饼状图向立体饼状图转化的过程来个性化数据表现形态。Adcade 网站（图 5.32）用大量篇幅介绍了新媒体对于当代企业营销的重要意义和价值，下面所选页面展现的是消费者在桌面终端与移动终端使用互联网的数据比率。为了形象而清晰地说明二者关系，同时体现页面的丰富性与生动性，网站设计了饼状图从平面延展为立体

图 5.31 波兰设计师 Adam Rudzki 个人网站，2013

的 Flash 动画。而在展示公司广告效果测量的理论与实际经验时，网站则采用了柱状图的方式。当鼠标移至此页面时，数个小正方形演变为按照透视原理排列的高度参差不齐、明度深浅不一的方形柱，蓝色字体的比率数据呈现在方形柱之间，构成别有趣味的动态化信息图表。

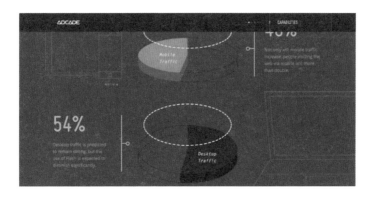

图 5.32 纽约互联网营销机构 Adcade，2013

数据是信息的重要形式，但并非信息的全部，很多信息图表可能并非表现具体的数量或比率关系，而是表现空间位置的距离、高度、面积、区域，并将这些内容按照一定比例高度抽象化，形成空间组织模式图，常见的有地图、导视图或器物结构图等。Asylum 是全球知名营销创意公司，我们在其美洲地区机构分布图（图 5.33）中看到，这家公司在美国、墨西哥、哥伦比亚和巴拿马 4 个国家拥有 5 间办公室，在整个美洲地区则遍布 50 家以上的合作组织。网页绘制了大半个美洲的地图，并用黄色、红色在深灰色地图上醒目地标示出直属办公室与合作机构所在的位置，简单而又清晰。

图 5.33　Asylum 美洲地区机构分布，2013

　　除了用时间关系、位置关系、数量关系等信息图表表现内容外，很多信息图表也可用来表现逻辑关系与组织关系。前者展现的是事件的因果关系或者逻辑变化情况，后者则用来展现信息之间整体局部或上下级的从属关系。奥迪汽车"选择奥迪的一百万个理由"品牌宣传网站（图 5.34、图 5.35）就采用组织关系图表的样式。奥迪宣称从网络社交媒体及线下销售终端搜集了一百万个选择和热爱奥迪汽车的理由，并将这些理由用黑色的圆球表现出来，呈现在网站上。一百万个黑色圆球颗粒在网页中有规则地聚集，组成了一辆奥迪汽车的 3D 透视图。当鼠标点击任一黑色圆球时，其所对应的来自消费者对奥迪汽车的评价便呈现在页面中央。奥迪汽车 3D 视图可随鼠标移动在页面空间中作 360 度旋转，也可将视角深入汽车内部或向外拉伸。与其他信息图表不同的是，关于奥迪汽车的评价信息是隐藏起来的，只有浏览者有意识地去探寻时，信息才会暴露出来，动态的信息展露过程本来就充满了趣味性，也更能体现尊重浏览者信息获取的主体意愿的特色。

(a)　　　　　　　　　　　　　　　　　(b)

图 5.34　"选择奥迪的一百万个理由"首页，2013

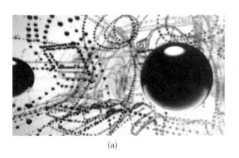

(a)　　　　　　　　　　　　　(b)

图 5. 35　"选择奥迪的一百万个理由"页面局部，2013

　　以信息图表作为网页主体的网站还有许多。兰蔻"小黑瓶"产品升级活动网站在产品介绍及互动体验环节，设计师借鉴达·芬奇著名素描作品《维特鲁威人》的造型创意，以"小黑瓶"代替男性人体，设计了围绕"小黑瓶"的圆形视觉图示，代表"十种年轻印记"的十条文字信息作为小黑瓶的功能利益诉求点均匀编排于圆形视觉图示周围。乌克兰基辅市有一家名为Production Digita 的数字设计机构，其官方网站上按照时间顺序展示了他们所做过的大部分经典作品。网站设计了一个骑自行车、头套纸袋的年轻人形象，随着鼠标的滚动，自行车在页面上左右行进，而其行进的地图就是按时间先后顺序排列的并在下方标有具体日期的设计作品案例。锐步（Reebok）新产品介绍网站在介绍锐步三款新鞋产品时，将产品实景图片置于页面中央，采用空间结构图表介绍三款鞋的创新部件，如添加了特殊材料的鞋帮、轻质的鞋跟、带有缓冲设置的鞋底、专业运动品质的鞋面等。网站采用 flash 动画创设出三幅结构图表依次呈现的动态信息展露效果。澳大利亚开放学院（Open-Colleges）"探索你的大脑"网站（图 5.36）设计了一个大脑的 3D 模型，并用色彩区分开了各个不同的区域。鼠标无操作时，3D 大脑图形上会显示出不同色彩的圆点和"+"号标记，鼠标点击此处，大脑对应区域则呈现蓝绿黄红等不同色彩，一旁同时出现介绍该区域名称、功能等信息的图表。转会窗口网站（图 5.37）汇集了欧洲主要足球联赛球员转会数据，包括了所属联赛信息、转会球队信息、球员个人信息等。网站设计了一个由优美的弧形线条组合而成的不完整圆形图表，欧洲主要联赛列表肩负着信息内容和网站导航的双重身份。密集的抛物线式线条充满了力量之美，恰似足球运动带给人的激情感觉。

图 5.36　"探索你的大脑"网站，2013　　　图 5.37　"转会窗口"网站，2013

信息图表是一个可读、可视的复合系统，在视觉内容上体现为文字、图像和数字的创意化与个性化融合，它帮助人们更好地借助特定视觉内容元素系统、显著、鲜明、直接、连贯和全面地转化文本内容，使得信息被重新整合、个性再现。当信息图表介入网页设计中，其表现形式便进一步变得丰富和多样，动态、交互等信息表现形态有了施展魅力的基础和空间。这是信息图表设计的网络化与媒体进化，也是网页设计的风格化与个性化。

5.6　几何线条的风格魅力

20 世纪初的荷兰，以杜斯伯格、蒙德里安为代表的画家、设计师和建筑师组成了一个松散的创作集体，维系这个集体的是杜斯伯格创办的一本名叫《风格》的杂志，现代设计史将这个组织称之为"风格派"。风格派是 20 世纪初期三大现代主义设计运动之一，其与俄国构成主义、德国包豪斯错综交织在一起。在"风格派"存续的十年间，他们向世人展示了抽象几何线条在建筑设计、产品设计、平面设计中的巨大魅力。

在"风格派"那里，传统建筑、家具、产品设计、绘画和雕塑中的所有平面设计特征都被剥离和抽象为基本的几何结构单体，艺术家和设计师将这些几何结构单体进行组合，形成简单的结构形态。如今，在网页设计领域，设计师们又重新拾起风格派大师对于结构和形态的独特理解，将网页设计变成极具简洁魅力和造型震撼的现代"风格派"。

当然，与风格派大师不同的是，现代网页设计在几何造型上已不再局限于纵横结构，而是将更具动感的倾斜线、菱形、多边形、弯角形、不规则四边形等创意图形作为视觉元素和组合结构应用于网页造型中。这里面，近似于钻石形态的菱形最受设计师欢迎，或许因为这种形态很好地融合了端正和动感两种心理感受吧！NEO Lab 是挪威一家互动创意与技术机构（图 5.38），其网站以钻石形作为首页主要的图形造型要素，多个钻石图形拼合组接，构成一个连续的不规则多边形。每个钻石图形链接一个独立页面内容，当鼠标悬停于其上时，原本灰色模式的倾斜方块内图片便呈现其原本的颜色。这些规整的钻石图形通过相互之间有规律的组合产生倾斜、别致、又充满了运动张力的特殊造型效果，并产生大量的页面留白，更凸显作为视觉中心的倾斜图形的存在感。

图 5.38　NEO lab 设计工作室，2014

　　斜线不仅在平面造型中很容易被人知觉到，它更有助于网页形式上的不均衡感和生动性的形成，进而同网站内容传播产生内在的默契统一。Smilegate 是韩国一家网络游戏公司，其在中国大陆以《穿越火线》游戏为人所熟知。公司网站以三角形为创意元素，表现现代游戏公司无与伦比的创新活力（图 5.39）。公司网站动画被设计为白色背景上不断运动着的大量等边三角形。这些色彩斑斓的三角形可拼合为一个更大形状的规则三角形，也可反向组合为有尖角边缘的四边形（图 5.40）。在这些三角形运动组合的过程中，浏览者感受到万花筒般的绚烂与迷幻。除页面中心变化着的三角形或类四边形外，外围三个导航也被设计为以三角形为单面的多边体，白色背景上更散落着零星彩色三角形。随着鼠标的随意运动，整个页面也以逼真的透视关系呈现出页面在立体空间内朝各个方向运动的效果。不仅几何形态的设计充满新意，网页的运动效果更让人有在平面载体中体会立体空间的特殊感受，而这正是电脑游戏产品极力创造的浸入式体验。

图 5.39　韩国游戏公司 Smilegate，2014　　　图 5.40　韩国游戏公司 Smilegate，2014

网格设计是网页设计的基础，这是源自 20 世纪中期瑞士国际主义平面设计风格的悠久传统，以斜线为基础的个性化创意图形打破了这一页面设计的金科玉律，使网页呈现更加多姿多彩的效果。而相对于用静止与稳定的斜线创意图形切分页面，处于运动和变化中的非常规图形对于网页布局脱离网格线的意义似乎更耐人寻味。Orangina 是法国知名饮料品牌。Orangina 官网（图 5.41）首页在上部设置了产品大图片，下部则编排了品牌 Facebook、喝前摇一摇的饮用方法、品牌的历史遗产、产品的益处、1953 年品牌第一支广告以及产品的类型六项内容。每项内容均设计为不规则的四边形。当鼠标悬浮于四边形区域内时，对应图形的四个边框便向外围扩张膨胀，在面积及形态上同周围图形产生明显差别。Orangina 官网几乎集合当时网页设计的所有重要趋势：在首页采用大面积的图片背景和斜线造型；产品类型的下级页面更将运动的斜线造型发挥得淋漓尽致；品牌历史页面则使用视差滚动，展现不同时期的品牌状况；隐形按钮和简洁的创意导航图标也在主页中多次出现。

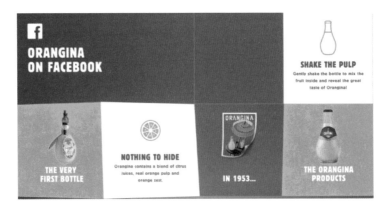

图 5.41　法国饮料品牌 Orangina，2014

　　诸如此类的网站还有许多。第二个世界杯（图 5.42）是由 KRDS 社交媒体机构发起的根据球迷的 Tweet 文章支持度来决定世界杯球队胜负及冠军归属的大型社交活动。巴西世界杯 32 强及核心球员被设计成一个个的圆形小气泡，漂浮于首页中，随着鼠标的运动，这些气泡还会上下左右浮动，甚至飞舞。全球字体实验（图 5.43）是法国比克公司为其著名的圆珠笔产品设计的全球性营销活动。比克在全球范围内邀请人们用圆珠笔手写 26 个英文字母，并将这些手写字体和书写者信息呈现于网站之上。网站在页面中部设计了一个类似中国书法中的回宫格，26 个英文字母以上下运动的形态依次出现在回宫格中。Irontoiron 网页设计机构是一家创始于 2010 年的网页设计公司，两位创始人一位以品牌和视觉设计见长，一位则擅长于网页技术开发。网站（图 5.44）首页以左右对称的形式设计两个相邻的钻石图形，展示两位合伙人的形象。深灰色页面上则另有两个稍大的钻石图形交叉叠放作为背景。Peppermint 网页设计机构位于波兰首都华沙，网站（图 5.45）所有的内容都被安排在众多大小不等的五边形内，这些五边形无规律地散落在页面内。整个页面呈现为白色大背景、薄荷色的五边形、深绿色的线条与文字，色彩及造型极为简单，五边形内有生动的手绘图形，并设置了有趣的动画效果。Vonvape 电子香烟网站（图 5.46）首页设计为一个倒 V 字形与正三角形的叠加，形成一个漏斗的形态。上部的倒 V 字形内编排首页大图片，下部的正

图 5.42　第二个世界杯 Second World Cup，2014

(a)　　　　　　　　　　　　　(b)

图 5.43　全球字体实验 the Universal Typeface，2014

图 5.44　网页设计机构
Irontoiron，2014

图 5.45　网页设计机构
Peppermint，2014

图 5.6-46　电子香烟 Vonvape，2014

三角形内则编排产品列表，左右两侧也形成两个三角形留白区域，仅设置个人事务与加盟销售两个导航图标。

如文中所说，斜线图形创意是极简风格的现代网页设计的个性化表现，它在造型上试图跳脱出网格设计的窠臼，以满足现代视觉审美的多样化需求。但从页面整体视觉的角度看，斜线图形本身也是建立在网格基础之上的，是对网格页面的另一种几何化切分，这是纵横结构、斜线结构同有机曲线结构造型的本质不同。

5.7　单栏或是多栏

17 世纪末期，热衷文化改革的法国国王路易十四立志要在当时先进的印刷业中展现法兰西王国的荣耀，他命令成立皇家印刷管理委员会，并设计专门字体，以规范皇家所用的各种印刷材料。在数学家尼古拉斯（Nicolas Jau-geon）的带领下，委员会以罗马字体为基础，采用 64×64 方格的形式设计每一个字母。这即是平面设计栅格系统的最早缘起。及至 20 世纪 40 年代，在瑞士平面设计派的大力倡导下，栅格系统及在其基础形成的网格化平面设计模式风靡全世界，并直到现在还影响着网页设计的形态。

在网格化的平面设计观念下，整个网页被划分为一个或多个方格，网页设计称之为"栏"，而网页由单栏还是多栏构成也逐渐成为影响网页信息传达的直接要素之一。从单纯数量角度看，单栏似乎比多栏更能体现简洁明快的设计潮流，但实际情况并非如此，随着媒体终端屏幕大小与显示分辨率高低的不断变化，以及现代社会人们对信息获取速度和效率的无限渴求，如何在短时间内获得更多的信息量成为人们考核媒体质量优劣的重要指标。从这一角度看，多栏网页似乎能在某一时段内传达更大的信息容量，呈现更多的信息内涵，多栏也顺理成章地成为比单栏更简洁、更高效的网页创意与设计方式。

多栏网站在信息可读性、内容集中性和视觉吸引力方面具有得天独厚的优势。就内容可读性来看，当我们把网站内容分为两栏、三栏甚至更多栏时，其内容可以很容易地在各种显示器上实现。而且以多个窄条形态出现的内容，从认知的整体性特征来讲，也更容易被浏览者快速认知和阅读。就内容集中性来看，多栏网站使用较短的行或列，成组的内容使得浏览者可以很容易地读完大量相对完整的内容，而不至于被旁边的图片、广告转移走注意力。从视觉吸引力角度看，多栏设计能够使文本、图片、横幅广告、flash、视频等内容各自独立呈现，形成错综多彩的视觉效果。

The Web Showroom 是澳大利亚一家网络设计公司，其专长在于综合性的网站设计、制作和运营能力。公司官方网站（图 5.47）运用清晰简洁的多栏形态向浏览者展示团队基本情况、所获奖项、媒体报道、业务内容、操作案例等诸多内容。网站没有采用单一的分栏方式，而是根据内容分类和表达需要自上而下综合使用单栏、四栏、两栏等多种形态。这种多栏的交叉运用，使网页避免了单调乏味，更显活泼生动与个性化。

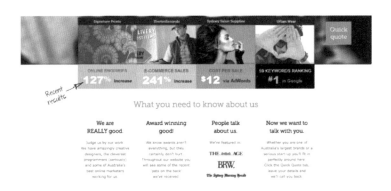

图 5.47　澳大利亚网络设计公司 The Web Showroom，2014

部分多栏网站的分栏方式并不会像上述案例那样自上而下产生多样复杂的变化，它们更喜欢采用栏与栏之间高度、宽度相等或具有固定比例关系的上下贯通式的分栏方法，使页面看起来更加简洁明快，不同内容之间也更加泾渭分明。《SF Arts》是一本反映旧金山艺术领域状态的杂志，其网站（图5.48）被设计为上下贯通的四栏，自左至右，首栏作为展示标题性内容的空间，其宽度是其他三栏的两倍。网站的简洁化分栏设计很好地照顾到了 iPad、iPhone 等移动设备使用者的浏览体验。

图 5.48　SF Arts 杂志，2014

多栏网站的劣势也很明显，首先网站多栏化设计是受报纸版面影响的，但报纸的阅读方式同网页不同。同一个页面，因为显示器尺寸问题，网站浏览者可能会存在自上而下阅读完一栏后，还要滑动鼠标滚轮，回到页面上端开始第二栏阅读。而报纸并不存在这种情况，人们只要摊开报纸就可以一眼看到所有的内容。其次，随着多媒体终端的日益多样化和移动互联技术的飞速进步，人们不再只在 PC 上浏览网页，平板电脑、智能手机等各种形式的显示设备越来越普及，相应地，网站可适应性成为衡量网站设计现代化的一大标准。对于多栏网站来说，丰富的文本内容可能无法在平板电脑、智能手机等小屏幕显示器上完整呈现。不过，这倒激发了多栏网站规划与设计能够在多种显示终端上完美呈现内容的适应性网站的动力，并且更利于这种网站的设计者规划和传达重点内容，而非面面俱到。一些网站甚至已经开始变被动地适应小屏为主动迎合小屏，简洁而醒目的双栏内容设计不再是平板电脑等显示屏的专属，而是成为网站设计的标配。

洛杉矶时报网站即如此（图 5.49），这是经典的报纸风格的多栏设计。网站被分为左右两大竖栏，左边为窄形的网站导航栏，以黑色背景、白色字体自上而下设置了十几个导航按钮；右侧则为面积较大的新闻正文栏，上方为类似报头的纽约时报标识，下方大量的新闻标题、图片和导引文本内容被整合设计成一个个的小方块，作为隐形的分栏呈现出来。文图配合的新闻小方栏面积不等，高矮不一，并不像左侧导航栏一样规整统一，更容易突出重点内容。在iPad 的显示屏幕上，洛杉矶时报网站仍然延续了这一设计，没有丝毫改变。这在内容芜杂、栏目林立的新闻网站中独树一帜。

图 5.49　洛杉矶时报，2014

　　诸如此类的例子还有许多。如日本黑川温泉山河旅店网站（图 5.50），上下贯通式的双栏设计，左右两栏宽度相等，平分整个页面，左栏作为标题栏和导航栏，右栏则作为图片内容展示栏。整个首页简单明了，左栏为白色背景加简单文字，大量留白，右栏则充满图片，一实一虚，对比鲜明。男士美发品牌 V76 官方网站（图 5.51）则是横栏与竖栏混合的网站设计，首页先被自左而右地分为三个竖栏区域，首栏宽度为其余两个区域的两倍，不过在后两个区域内又划分出多个横栏，展现不同主题内容。所有分栏都以图片作为展示主体，配以简单文字，页面整洁规范，层次清晰。花瓣网（图 5.52）是瀑布流式网站布局的代表，这种多栏网站的设计方式最早源自 Pinterest，现在已在国内蔓延开来。瀑布流网站多数为小清新风格的网站。形式上为多个参差不齐的文图配合的竖形分栏，整体上看来像瀑布一样。俄罗斯联邦储蓄银行网站（图 5.53）首页以大图片为背景，以点状细线将页面划分为六个上下贯通但宽度不等的竖栏。栏内文字内容多少不一，但都以不同色块衬托。随着鼠标滑动，页面内容出现变化时，六个竖栏的宽度还会随着区域内文字的多少而出现相应变化。浏览器对比网站（图 5.54）收集了时下人们使用较多的五种浏览器：Chrome、火狐、IE、Safari 和欧朋，并提供每种浏览器的最新版本下载。网站为每个浏览器设计了一个上下贯通的分栏，并配以不同背景色彩。无鼠标接触时，各分栏宽度相等；有鼠标接触时，相应分栏宽度变为其他分栏的两倍。

图 5.50　日本黑川温泉山河旅店，2014　　　图 5.51　男士美发品牌 V76，2014

图 5.52　花瓣网，2014　　　图 5.53　俄罗斯联邦储蓄银行，2014

图 5.54　浏览器对比网站，2014

在网站设计中，单栏和多栏各有千秋。正如从现代主义的"less is more"，发展到后现代主义的"less is bore"一样，也许数量从来都不是衡量简洁现代与否的真正标准，更别说是唯一标准。对网页设计来说，"现代"的含义更应该是信息获取、处理与加工的便利，是人们在网页浏览过程中感受到的愉悦的个性化体验。

6

交互问题

6.1 交互的特征

什么是交互？《现代汉语词典》解释为替换、互相、彼此。"交互"最早见于《京氏易传·震》，其中记载道"震分阴阳，交互用事"。作为 interactive 的中文译词，其更多的指在以计算机为载体的相关活动中，参与活动的对象，可以相互交流，双方面互动。

放眼人类发展史，我们可以发现，自人类诞生开始，交互便存在了，只不过在计算机时代没有到来之前，人类的早期交互行为只在人与人、人与自然物品之间进行。人与人之间，握手、亲吻、挥手、打架等；人与物之间，制作工具、使用工具、吃东西、喝水等。在漫长的几千年中，人们的交互行为没多大变化，直到计算机的到来。

1946 年世界第一台计算机的到来使人类的交互行为进入一个新的篇章（图 6.1）。人们凭空创造出了一个由 0 和 1 构成的世界。这个世界刚开始是一维的：人们通过打孔纸带输入指令，存入计算机，计算机通过 0 和 1 进行二进制计算得出结果。这个世界刚开始只能靠想象，人们并不能看到它的存在，但它就是存在的。一个电子的时代诞生了，人们的交互行为发生了第一次颠覆式的变化。

20 世纪 70 年代，电子时代进化为数字时代，它的标志就是个人计算机（PC）的出现（图 6.2、图 6.3）。图形用户界面、鼠标、键盘使个人计算机成为人机交互设计史上最伟大的理念和产品。在数字时代，人们创造的计算机世界自身进化到了二维世界，它包含的元素都由点变成了面。人们能用鼠标和键盘直观地操作计算机里那些模拟现实世界物品的东西。

图 6.1　世界第一代电子管计算机 ENIAC，1946

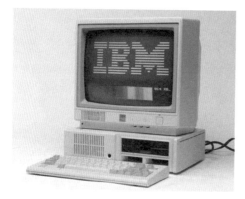

图 6.2　IBM 第一台个人 PC
IBM5150，1981

图 6.3　IBM 第一台笔记本 PC
Convertible，1985

　　2007 年苹果公司发布了第一代 iPhone 手机（图 6.4），人们可以不再借助鼠标和键盘进行操作了，而是可以直接用手指触摸，人类与计算机的交互方式再一次被改写——人们可以直接触摸到自己创建的世界了。由触摸开始，交互的行为逐渐被固定认知为表述人与机器之间关系的专有术语，而交互的方式也由直接的触摸演变为物理的触摸、声音的呼应、重力的传达、影像的感知等等。很显然，在 iPhone 手机诞生后的十多年里（图 6.5），伴随着更先进的人工智能、大数据、云计算等的不断发展成熟，人机交互的行为绝不会仅仅局限于以上那些已经被我们熟知和应用的方式。

图 6.4　第一代
iPhone，2007

图 6.5　iPhone 11、iPhone 11 pro，2019

　　研究交互行为，最终目的是为了更好地做好交互设计。从交互行为到交互设计，体现的是人们对交互活动的科学认识递进和方法论更新。从广义的角度看，所有的设计其实都存在着交互的内容，因为每一种设计都能分解出主动方和被动方，以传达为主要目的的视觉传达设计自不必多言：设计者传达信息，接受者接收信息，信息以视觉形态呈现，这便是视觉传达设计；以使用为目的的产品设计，其实是产品制造者和产品使用者之间的交互；以居住为目的的环境设计则是环境创造者与环境居住者之间的交互。从狭义的角度看，交互设计是现代设计发展的产物，尤其是随着科学技术的不断进步，设计物对设计使用者及时有效的反馈越来越容易实现和反复的实现，交互设计成为依托现代科学技术的界面设计、互联网媒介设计等现代设计形态的专属名词。

　　交互设计协会 IxDA（The Interaction Design Association）[①] 对交互设计的解释是："交互设计（IxD）定义了交互系统的结构和行为。随着时代的发展，从计算机到移动设备，再到电器以及其他种种，交互设计师努力地在人、产品以及他们使用的服务之间创造有意义的关系。"[②] 李世国、顾振宇两位学者认为，交互设计是定义、设计人造系统的行为的设计领域，它定义了两个或

---

　　① 交互设计协会（IxDA）是一个致力于交互设计学科研究与实践的专业组织。自 2003 年创立以来，IxDA 已经发展成为一个拥有超过 10 万个人会员和 200 多个团体会员的全球网络，其官方网站为 https：//ixda.org。
　　② IxDA 网站，https：//ixda.org

多个互动的个体之间交流的内容和结构，使之互相配合，共同达成某种目的——努力去创造和建立的是人与产品及服务之间有意义的关系，以在充满社会复杂性的物质世界中嵌入信息技术为中心①。从以上两个定义中我们可以看到一个共同的观点，那就是交互设计是服务于人、产品以及建造二者之间良好关系的，其目标是关注以人为本的用户需求，是"可用性设计"和"用户体验的设计"。

可用性设计指的是以提高交互产品的可用性为核心的设计，可用性衡量的是某个交互产品被特定的用户在特定的场景中，有效、高效并且满意地达成特定目标的程度。早在 1994 年，美国交互设计专家、尼尔森·诺曼集团创始人雅各布·尼尔森（Jakob Nielsen）就提出了用户界面设计的十个可用性原则②。

（1）状态可见。用户在界面上的任何一个操作，系统都应该在合理的时间内，给出及时恰当的反馈，让用户随时了解正在发生的事情。如我们在浏览新闻性网站时，鼠标移至某个栏目上，此栏目就会以不同的颜色、明度或灰度进行强化显示，以提示浏览者所在位置（图 6.6）。

图 6.6　新浪新闻"暖闻"导航变成红色（状态可见），2019

（2）与真实世界匹配。界面应该使用用户熟悉的词汇和约定俗成的表达，尽可能贴近用户的使用环境，如用户的年龄、教育程度、文化特点、时代背景等。如某些活动举行或正值某个节日时，电商类网站往往会设计相应的形象，以显示与现实生活的一致（图 6.7）。

---

① 李世国，顾振宇. 交互设计［M］. 北京：中国水利水电出版社，2012：18.
② Jakob Nielsen. 10 Usability Heuristics for User Interface Design［OL］. https：//www. nngroup. com/articles/ten-usability-heuristics/，1994-04-24.

图 6.7　阿里云双十一首页（环境匹配），2019

（3）用户控制和操作自由。支持用户撤销和重做，当用户在使用产品过程中产生错误的操作时，提供用户更多的解决方案。如京东退货界面，会设置"再想想"按钮，以确保用户误操作时能够及时发现和弥补（图 6.8）。

图 6.8　京东退货界面"再想想"按钮（支持撤销），2019

（4）一致和标准化。产品的功能操作、模块样式、页面布局、信息提示、颜色运用等具有统一性，用户自一个页面跳转至另一个页面时，不会有陌生感（图 6.9）。

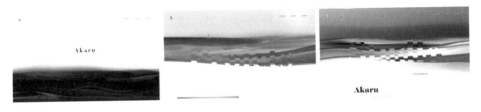

图 6.9　Akaru 工作室首页及内页（一致和标准化），2019

（5）错误预防。防止错误问题的发生要好过提示错误信息，在用户做出选择之前，就要防止用户做出混淆或错误的选择。如网站表单页中内容信息未填写完时，按钮为灰色不可点击的样式（图6.10）。

图6.10　京东退货界面"下一步"按钮（错误预防），2019

（6）确认而非回忆。尽量减少用户对操作目标的记忆负荷，动作和选项都应该是可见的。用户不必记住一个页面到另一个页面的信息。如某些信息内容多、导航复杂的网站，其首页导航内容一般横排在页面最顶端，如果页面下滑时，他们的导航内容便以竖排的方式在页面另一侧出现（图6.11）。

图6.11　央广网顶端导航与右侧导航（用户确认），2019

（7）灵活与高效。为占大多数的中级用户设计，而非初级和高级用户，保持系统的灵活性和效率性。如我们在使用百度搜索时，会看到右上角列出百度能提供的使用频率较高的重要服务，若点击"更多产品"，则显示下拉菜单，出现其他产品；如果这些选项中，仍没有浏览者需要的内容，则可以点击下方"全部产品"（图6.12）。

图 6.12　百度网站产品推荐（灵活与高效），2019

（8）美学与极简设计。基于用户浏览的特征，突出界面信息的重点，弱化不相关或极少需要的信息，降低额外信息的可见性。图 6.13、图 6.14、图 6.15 为某手表品牌网站，页面使用最简单的字体、图片与配色，简洁直白，凸显最直接的产品信息。

图 6.13　Tinker 手表官网首页大图，2019

图 6.14　Tinker 手表官网隐藏的导航栏，2019

图 6.15　Tinker 手表官网产品页，2019

（9）帮助用户从错误中恢复。如果无法自动挽回，则给用户提供详尽的说明文字和指导方向。如电商网站在商品搜索过程中，若无法找到对应的产品，则会提供趣味性的说明文字与相关的产品列表（图6.16）。

图 6.16　天猫搜索不到后的页面，2019

（10）帮助和引导。页面中增加提示性信息，可帮助用户更高效地完成任务，这些信息包括一次性提示信息、常驻性信息和帮助性文档等。如用户首次填写页面表单时，应通过提示性信息的方式对填写内容做出引导。知乎登录页面以灰色字体提示"手机号""输入六位语音号码"等信息，鼠标点击相应位置后，提示信息变为红色，进一步提示浏览者输入相关信息，并检核信息输入顺序是否规范（图6.17）。

图 6.17　知乎桌面端登录页面（帮助和引导），2019

用户体验的设计是指创造能够带来理想用户体验的设计，提供拥有良好体验的可能性。20世纪80年代末期，唐·诺曼和德拉泊（Stephen W. Draper）提出了以用户为中心的系统设计（user-centered system design）理论，其核心在于将用户的参与和反馈转换为输入进行迭代，以获得更能满足用户需求的、更符合用户期待的产品。由于以用户为中心的方法比较适合版本持续更新式的软件开发，并且在方法中积极引入了典型用户的参与，因此一直是软件应用设计、交互设计领域的重要方法。吴琼认为，用户的意见是需求挖掘的资源，如何输入、分析用户的意见是以用户为中心的方法的重要步骤①。近年来，一种被称为 Persona 和 Scenarios 的具体而客观的、叙事式的用户体验描述方法开始普及。Persona 是在大量用户研究基础上设立的虚拟典型用户模型，Scenarios 是讲述主要影响 Persona 形成体验的行为和情景。比如在支持中学课堂教育的网站设计中，一个关于典型用户的情景故事生动地展示了用户的使用情境："……李明放学后回到家，爸妈还没有下班。他放下书包来到厨房，打开冰箱拿出一些爱吃的食物走进自己的房间。他拉开椅子坐在书桌前，打开电脑，即时通信软件 QQ 自动登录。李明边吃边和 QQ 上的朋友聊了几句，同时输入网址打开了支持物理课教学的网站，点击最新信息，找到老师关于作业的具体要求……"

吴琼认为，在这样一种叙事的环境中，旁观的、叙事式的描述方式生动而又具体地传达了系统的情境②。"叙述的想象——讲故事，是一种基本的思维手段……它是展望未来、预测、计划、解释等的主要方式。大多数人的经历、知识和思想是以故事的方式组织的。"③ 具有真实感和画面感的情节有助于设计师深入地分析用户面临的问题，有针对性地分析用户的行为和可能形成的体验，更有利于在团队协作中的交流和产品持续更新中对用户的聚焦。

现代交互设计起源于网站设计和图形设计，但现在已经成长为一个独立的领域。现代交互设计师远非仅仅负责文字和图片，而是负责创建在屏幕上的所有元素，所有用户可能会触摸、点按或者输入的东西——产品体验中的所有交互。因此，对现代网页设计来说，交互已经成为其存在的基本价值观和方法论。图 6.18、图 6.19、图 6.20 为 Castor & Pollux 数字传播机构官方网站，在页面的互动上，网站巧妙利用了鼠标的运动，增加了鼠标的实用功能和互动体验，增强并趣味化了浏览者的控制欲、探索欲和主动尝试。图 6.21 为银联云闪付 H5 广告，其巧妙使用了摇一摇交互技术，同云闪付的摇一摇支付完美契合。

---

① 吴琼. 用户体验设计之辨 [J]. 装饰, 2018（10）: 32.
② 吴琼. 用户体验设计之辨 [J]. 装饰, 2018（10）: 32.
③ （美）丹尼尔·平克. 全新思维 [M]. 林娜, 译. 北京: 北京师范大学出版社, 2006: 79.

图 6.18　Castor&Pollux 数字传播机构（黑圈内箭头随鼠标运动），2019

图 6.19　Castor&Pollux 数字传播机构（鼠标有类似透视效果），2019

图 6.20　Castor&Pollux 数字传播机构网站（鼠标有类似透视效果），2019

图 6.21　银联支付 H5（手机摇动互动），2017

6.2 简洁、互动与戏剧化

在企业营销活动尤其是新产品初期上市营销推广中，经常会使用设计产品体验网站的方式吸引消费者关注和试用产品，并配合其他媒体的广告活动一并进行。产品体验网站的策划与设计往往都具有临时性、主题性、简洁化和戏剧化的特点。

产品体验网站一般为新产品上市而设，"新产品"的界定具有较强的时间性，所以产品体验网站从上线到停止更新的区间各不相同，但大都不会维持超过半年，阶段性和临时性特征明显。曾经在国内轰动一时的力士"金纯魅惑"（图 6.22、图 6.23、图 6.24）、华为"世界就在你身边"，甚至 2011 年下半年开始的 oppo 手机"Find Me"都已经随着产品逐渐进入成熟期和衰退期而在网络上销声匿迹。这种临时性和阶段性也要求此类网站在设计上要注重新与奇，注重时尚快速的视觉体验，注重在短时间迅速引起消费者的视觉刺激和产品共鸣。

图 6.22　力士星炫之城首页，2009

图 6.23　力士星炫之城内页，2009

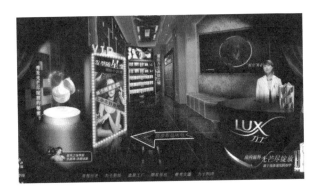

图 6.24　力士星炫之城内页，2009

产品体验网站一般都具有一个鲜明的、能够反映产品特质并可以决定网站形式、色彩、结构等各方面风格的设计主题，同时也是网站表现的基调。此类网站有：标致 207 "有梦想、放胆闯"（图 6.25）、"Hellokitty 的大头贴日记"、菲尼克斯 "挑战者的灵魂"、飞利浦 "有吸力才有吸引力"、雪碧"家中派对好友趣，透心凉，家中享"、脉动 "不在状态，脉动回来"、HTC"灵感"、深圳欢乐谷 "恶灵邀妖告别仪式"、Clarks "走出你的英伦风尚"等。每一个网站标题都是一种网站设计格调的个性创设。如标致 207 "有梦想、放胆闯"网站意在展现标致 207 本身集 "炫酷"与 "典雅"于一身的产品个性，其网站主体设计形象取自牛仔服饰，体现产品及使用者的年轻身份以及锐意开拓精神和笃力执着梦想。

图 6.25　标致 207 "有梦想、放胆闯"首页，2012

产品体验网站不同于品牌官网，其展示内容少而集中，设计目的更为明确，因此在网站结构上层次较少，在页面视觉体验上简洁大方，一般页幅不超过两屏；色彩较为单一，更加注意突出主色调；内容多以反映产品的图片和视频信息为主。如前面提到的标致 207 "有梦想、放胆闯"体验网站，主题图像为牛仔面料构成的道路建筑以及行驶其上、其间的标致 207 轿车，网站视觉信息清晰、单纯，视觉内容一目了然。网站下方按钮以与主体蓝色有较强对比的赭黄设计，并采用了牛仔服通常使用的装饰皮料作为设计元素，更加契合标致 207 属意年轻人、贴近年轻人、反映年轻人的品牌个性。网站以标致 207 在全国主要城市的体验旅程（图 6.26）为内容开发设计互动体验环节，丰富浏览者感受，强化品牌个性。

图 6.26　标致 207 "有梦想、放胆闯"内页，2012

　　"伟嘉猫咪百科"是伟嘉猫粮的产品体验网站（图 6.27）。网站设计为一本猫咪养育的百科全书。内容包括了养猫新手常识、猫咪营养饮食、猫咪的秘密、猫咪养育网络谣言、猫小 P 特别奉献以及问兽医几个环节。网站页面以灰白色为背景，以紫色和粉色为信息主色调，体现亲昵与可爱。主页面虽然信息内容较多，但在视觉编排上六项内容上下两两相对，呈不规则的对称形式，灵活有趣。主页面的猫咪形象姿态各异，生动活泼。网站还以猫咪知识大会考与问兽医两个环节同浏览者互动，并设计了猫小 P 的个性形象，展示以其为主角的个性漫画（图 6.28），进一步深化了网站的趣味化风格和戏剧化传播。"伟嘉猫咪百科"除主页面外，并没有运用太多的 flash 等多媒体技术设计，但却让人感觉清新雅致，温馨甜美。

图 6.27　　"伟嘉猫咪百科"首页，2012

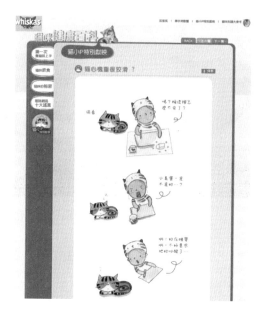

图 6.28 "伟嘉猫咪百科"内页，2012

　　有的产品体验网站在内容编排与视觉设计上贪大求全，试图将大量信息一股脑儿展现给浏览者，结果造成主页面文字形态混乱、主体色彩不突出、信息芜杂，影响了浏览者阅读体验和参与兴趣。LG Super Junior "爱上 LG　爱上你"就是这样的例子（图 6.29）。其页面主体图片应该为手机，但大量黑色使页面产生压抑之感，主色同辅色衔接失调。右侧"微博动态"栏内字体形态缺乏美感，编排杂乱。页面"飞翔人物"、手机形象、男女代言人交流语言、右上主题 Logo 等图形信息主次不分，视觉体验混乱不堪。这样的网站，很难在第一眼留住浏览者的眼光，更别说引导消费者体验商品和参与互动了。

图 6.29 爱上 LG　爱上你，2012

同样作为手机品牌的 HTC，其"宝岛感恩祭"体验网站就简单、条理，同时内涵也深厚得多了（图 6.30）。HTC 作为中国台湾地区本土智能手机品牌，在其新产品体验网站设计中，用"HTC"与"台湾香米"做了精辟的类比和隐喻。网站以湛蓝天空下的金黄香米稻田为统一背景，用毛笔书法字体作为主要文字形态。在图形设计上，将环形稻穗置于页面中央，四款新式手机分列两旁，页面简单纯粹，又含义深刻，有意识地表现"用手机记录台湾香米"的活动主题。整个网站大方干净、色彩舒适，体现了强烈的生态意识、乡土意识和传统文化底蕴。

图 6.30　HTC 宝岛感恩祭，2012

运用了 flash 等多媒体动画技术的产品体验网站在趣味性和戏剧化方面体现得更为明显。2013 年 12 月，日本服装品牌优衣库启动了"冬季暖心送"活动（图 6.31），其网站充分利用动画互动技术，在金黄色地图背景上不断闪现全国各地参与活动的消费者信息。网站以红色为主色调，以大字体突出中奖用户信息，简洁明了，风格独特。

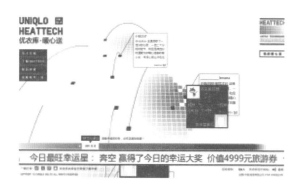

图 6.31　优衣库冬季暖心送，2012

交互的方式千变万化，但交互的体验是永恒主题。"Hellokitty 的大头贴日记"柔柔花香5女性卫生用品体验网站以粉色为主色构筑多彩调系，网站整体风格优雅、温馨和甜美，符合产品特性和浏览者心理期待。戴尔新款游戏电脑产品体验网站以"Alienware 主宰一切"为主题，以电脑游戏画面设计风格表现网站主体页面，纯黑色背景、灰色图形搭配高科技风格机器头盔，尽显极速游戏魅力。"博尼的大冒险"（Bremennet work）为歌手王若琳实验性概念音乐专辑，为宣传其专辑，发行方创意了博尼的大冒险"线上舞台剧，网站将专辑包装成网络音乐剧，创造了一个"歌剧院魅影"的网络形象。鼠标在网站内变幻为鹅毛笔，随着各项内容的点击，浏览者一步步进入音乐冒险之旅。"探索新生活"HTC Explorer 功能体验网站充分利用了生活化的场景设计，地图、纸飞机、稿纸、即时贴等作为网站图形背景元素，展现 HTC Explorer 对趣味化日常生活的极大裨益。主体图形手机与作为背景元素存在的生活化用品形成鲜明对比，突出主体，充满情趣和生活味。大众进口迈腾（Magotan）旅行轿车体验网站将实景汽车照片与驾驶者照片结合，真实而现代。主页面以生活化场景展现轿车三大人性设计，三张图片呈斜式排布，并随鼠标移动而变化，体现速度快感与现代意味。网站简洁大方、干净严谨，现代感强。

产品体验网站之所以成功，关键在于他们很好地把握了当下消费者对于趣味化、戏剧化、娱乐化等时尚快速消费文化的认可与追求，这同样也是当今视觉文化的主流趋势。在当下的媒体环境中，消费者每天要面对众多的商品和品牌信息，其中有大多数信息都被消费者所忽视和过滤掉，只有极少一部分消费者感兴趣的信息被保留和记忆，并可能引导消费者走进商超，完成购买和消费。产品体验网站要想高效率地传播出那少部分能够引起消费者注意和兴趣的信息，就必须要做到简洁直白的形式设计、趣味刺激的内容互动以及丰富充实的戏剧化体验。当然也需要注意的是产品体验网站的最终目的不是单纯的视觉感受和情感体验，而是要产生品牌形象提升和实际消费购买。因此，一个优秀的产品体验网站设计，必须注意将体验的结果本身，导致产生体验结果的网站形态、结构与内容设计，以及体验最终引起购买行动的目的这三者协同一体、紧密融合，缺一不可。

6.3 会讲故事的网站设计

无论政务网站、商务网站、娱乐休闲网站还是个人主页，网站设计的直接目的都是巧妙而有效率的信息传达。如麦克卢汉所说，媒介是人体的延伸，网站以综合的传播手段——声音、影像，以戏剧化的传达方式——叙事，影响着网民的感官中枢、心灵乃至其背后的整个社会。

网站会讲故事，这不是在卖萌，而是迎合了实实在在的设计与传播需求。实际上，从古至今，讲故事都是人们传播信息的重要手段，在情节中传受双方沟通与互动，进行娱乐与教育，理解道德和普世价值观。进入数字媒介时代，讲故事的方式虽然已经超越了言语、表情与手势，但数字媒介采用现代元素来讲述的故事仍然具备最核心的主题、主体和线索等，这同我们在其他场合感受到的并无大异。

数字时代的网络媒体，其讲故事的手段带有现代媒体独有的特点与优势，如使用图形与色彩展现更丰富和直观的信息，通过流程与动画交代更流畅清晰的情节与线索等。Town gas 150 是香港中华煤气有限公司 150 周年庆祝网站，标题"150 温馨生活每一天"为网站奠定了基本的调子和故事线索。网站以香港城市真实街景为背景，以充满喜庆与欢乐气氛的卡通漫画画面为主体，讲述了 150 年庆生（图 6.32）、煤气优惠奖赏、STREET ART "盖"念大募集、全城喜气、煤气博物馆等内容。网站为每项内容设计了一幅对应的画面，而所有的画面都按照导航设定顺序由上而下依次在主页呈现，为我们讲述一个个香港市民因煤气公司 150 周年而带来的温馨幸福生活故事。为了使叙事更为条理和统一，网站设置了多个视觉线索，第一，所有主体画面内容均可以在主页呈现，浏览者不需要点击翻页，即可以了解所有内容，叙事完整流畅；第二，导航条设计同画面内容一一对应，浏览者既可以通过导航条点击查看网页内容，也可以通过右侧滚动条选择，进一步保证网站叙事的完整性；第三，对应网站主体内容的几个画面，采用真人头像与卡通画面结合的方式，充满生动感与趣味性；第四，几个画面彼此独立，又通过展示一幢楼不同楼层的方式组织在一起，仿佛是发生在邻居间的故事一般，亲切自然；第五，吉祥物的形态设计也成为网站故事进程的显著线索，随着叙事内容的不同，吉祥物先后出现过白衣、蓝色、黄条衣、骑摩托车以及着灰色工作服五种角色形态，代表着煤气公司工作人员的不同形象与职责。这五个方面的考量使得网站在叙事方面明晓清晰，卡通动画形象、漫画式构图方法更让煤气公司的故事充盈生活的味道。

(a)   (b)

图 6.32　香港中华煤气有限公司 150 周年庆祝网站，2012

　　我们都有这样的经验：当故事的主人公真实出现在你面前时，他的故事会更加吸引你、感动你。所以相对于第三人称的曲折叙事，现身说法更具魅力。艾拉设计（Elladesign）的网站就是如此（图 6.33）。这是一位居住在美国的香港设计师的个人网站，自述和插图运用是这个网站讲故事的巧妙之处。"我是谁""我的作品""我的实验""让我们谈谈"等导航内容始终围绕着"我"和"你"展开，设计师自恋地为自己设计了插图形象：一只眼的章鱼——多爪的章鱼大概意在表示设计师在图形、网页设计方面的才能。设计师将自己的网站自诩为"我的 CSS3 和 HTML5 游戏场"，这就可以理解设计师在介绍自己时为什么会用"进一步吹嘘"这样的字眼了。这样带有强烈个人风格的网站本身就充满了吸引力和戏剧性，再加之文字语言和图形语言的强化，故事味和话题性就更浓了。

图 6.33　艾拉设计（Elladesign），2012

　　有的网站着意于以动画或流程形态展现变动和演进中的线性故事情节，

Seamco 是比利时一家提供液体产品灌装与包装产品线的企业，Seamco 不仅有先进的设备，更重要的是企业可以为客户整个包装流程提供全方面技术与培训服务。网站在表现企业优势时，就运用动画的方式向我们展示了瓶子清洁、液体灌装、贴标、装箱、码垛、运输的整个过程，简单但充满趣味的卡通形象设计、布满整个主页面的流水线模拟动画以及对应的问题解释，让"一个瓶子"的故事生动形象，娓娓道来。

　　网站讲述的故事可能是结局确定且具备丰富条理的，也可能是开放多元且充满变数的，而后者往往更能体现网络媒体的交互体验特色和浏览者主导传播的新媒体特征。Globetrooper 是为全球旅行爱好者寻找志同道合者建立的工具性质网站（图 6.34）。浏览者可以通过查看人们对现有旅程的体验来确定自己是否加入，也可以创建属于自己的新的旅程，并寻找愿意同你一起探险的朋友。网站标志是一个大大的鞋印——充满了无尽的遐想和诱惑力，主页上部为展开的手绘全球地图，并标有全球主要的旅行区域。浏览者可以选择任何一个区域查看别人已经开始的旅程和真实体验，并选择是否加入。在旅行者体验的板块，我们除了可以看到他们的旅行故事外，还能看到他们对这些区域探险旅游的量化评级。这些评级包括了困难、文化冲击、偏远度以及风险等。评级让探险者的故事更具说服力和借鉴价值，也更能吸引新的参与者。网站所陈述的故事虽然都围绕着探险与旅行的主题，但讲述者却来自各方，故事本身也更多样与灵活。

图 6.34　Globetrooper，2012

　　依照这样的标准，我们认为用网站来讲故事最极致的莫过于目前风行的社交网站了，只不过故事的主人公和主题更加碎片化与个人化而已。每个人在社交网站的体系里自由表达意见和言论，讲述或转述属于自己或别人的故事。网站设计既提供了故事讲述的承载平台，又为故事的有效传播和扩散设计了适宜的形式与环节。

如新浪微博网站（图 6.35），你想"听故事"，拥有自己的一个社交网站账号是最简单的方法了。无论是新浪的"关注"，还是腾讯的"收听"，都让你对感兴趣的故事信手拈来，一条条呈现在你的面前。社交网站的核心页面形象设计大同小异，条分缕析、突出每条信息内容和发送方个性形象是最显著的特征。再如保利原乡（poly-origin）楼盘网站，这是一个异常唯美的讲述思乡故事的网站。漂亮的水墨动画展现现代人的"原乡"故事：原乡在如歌的行板里、远去的时光里、现代人的寻觅里，以故事的叙述表现"保利原乡"优美自然、充满怀旧气息的个性特点。简单的铅笔线描、淡淡的灰黄纸背景、方正的楷书字体，有山有月有水有树，这是常常萦绕梦境里的家乡故事吧。50 天里的 50 个问题网站（50 problems 50 days）的建立者在 50 天里走过了 10

个城市，作了 12 次设计采访，睡了 15 张床，喝了 38 杯咖啡，行程 2 517 公里，用设计的方法试图解决生活中的 50 个问题。本网站就是对这 50 天经历和 50 个问题解决方案的总结。主页那张布满各式符号的地图引人入胜，每个问题的获取与解决更让浏览者兴味盎然。Melitta 咖啡是美国著名咖啡品牌，其官网网站使用了卡通动

图 6.35　新浪微博，2012

漫形式绘制的人们在街头咖啡店品尝咖啡的惬意场景。古色古香的建筑，醉心演奏的乐手，对坐缠绵的恋人，开怀畅谈的朋友，还有伴随悠扬琴声浅抿咖啡的孤身女郎，这一切都充满生活气息和无限故事性，令人遐想。美国 kixeye 游戏开发公司网站主页设计为公司前台，有真实的接待人员。每按一次接待台上的闹铃，前台人员便起身与你说话，有欢迎、有提问，甚至还有威胁和警告，而这位女前台其实是有着人身皮肤的机器人。内页设计也是电脑游戏的风格，充满神秘感和科技色彩，整个网站就像一款网络游戏。

6.4 网页运动的妙趣

对于网站来说，信息内容的传递与转换主要依赖鼠标点击网页上的超级链接来实现，尤其对于那些具有复杂的多层级结构的网站来说，这种方法最为经济便利。但对于单一网页或层级较少的网站来说，单调的点击就不足以弥补信息含量不足的薄弱了。于是，很多类似网站在设计时就尝试考虑在有限空间内如何充分利用鼠标的滚轮动作配合网页浏览流程设置来制造独特的视觉体验效果。

这种鼠标滑动与网站运动的结合造就了网页浏览的创新体验。基于人们阅读的视觉规律，网页内容的流动一般有自上而下的垂直运动与由左而右的水平运动两种方式，前者较为常见，后者则比较稀奇。在自上而下的网页滚动浏览中，通过鼠标滚轮的滑动，我们就能轻松便利地实现网页内容的变换，静止的网页成为流畅运动的一部分。有的网站充分利用这一优势，并借助人眼的视觉暂留效应制造差异，使网页设计产生独特的观感体验。Ito Sie Ceni 是波兰一个流行音乐歌唱团体，网站（图 6.36）信息较为简单，仅仅设置了首页、团队介绍、新闻、多媒体和联系几个页面。这几个页面上下贯穿，通过鼠标的滑动相互交叠，网站标志以不同色彩、不同大小出现在各个页面不同位置上，给人以跳跃和变幻的错觉。两支拖着长长电线的话筒更是分别出现在首尾两个页面上，仿佛一支话筒穿过了层层页面，首尾形成和谐的连接与呼应。

图 6.36　波兰音乐团体 Ito Sie Ceni，2012

　　有人把这种技术称为视差滚动，即在单一网页内让多层内容以不同的速度移动，内容与背景相互交映，从而形成连续与多样化的个性视觉体验。360度苏黎世长街就是很生动的此类例子。这是瑞士广播电视机构 SRF 建立的展现苏黎世城市生活风貌的个性网站，网站以一条老街为背景，以警察巡逻车的移动视角，将城市里的酒吧、托儿所、面包店、学校、药店、文身店、瑜伽工作室、警察局等一网打尽。随着鼠标的滚动，我们的视线沿着街道迅速前后移动，街道两旁的建筑、汽车、人群以 360 度影像的真实方式一一呈现在我们眼前，链接酒吧等场所的图标则不断从屏幕前自上而下飞驰而过，而我们点击任何一个图标链接，就可以进去浏览该场所 360 度的室内情景。网站所配的嘈杂而真实的城市街道音效更让人如同身临其境。

　　面对竖向倾斜的电脑屏幕，自上而下的阅读较为舒适和普遍。也正因为对垂直移动的习以为常，所以当左右水平移动的网页出现时，人们常常会觉得眼前一亮。Section Seven 是一家小型互动创意与视觉设计公司（图 6.37），其官方网站展现了他们最得意的十三个项目。网站设计为左右打开的一叠五彩图册。通过鼠标的点击，我们可以打开或合上每一个项目作品册，整个网站就像是一本书呈现在你的面前，网页变换轻盈而灵动，有种曼妙的美。当然，也并非所有的网站信息组织都遵循自上而下或自左而右的组织顺序，有些网站组合利用这两种移动方式，创造出更多变的视觉流动；有的则别出心裁，让网站内容在四四方方的显示屏范围内按一定预设路线和流程自由运动，趣味十足。前者如 Air Jordan 2012 网站（图 6.38），后者如戴尔灵越"为速欲为"活动网站（图 6.39）和任天堂马里奥赛车游戏展示网站（图 6.40）。Air Jordan 2012 是耐克公司为三款乔丹系列运动鞋设计的品牌网站，这三款运动鞋被赋予了战斗机、赛车以及坦克的形象，以暗喻运动鞋的速度、回环能力和冲击力。网站设计的奇妙就在于通过鼠标滚动而造成网页内容上下、左右、对角线三种运动方式，伴随着网页的运动，不同的运动鞋构件逐渐组合、分离，形成战斗机、赛车和坦克的创意形象，整个浏览过程如同操纵网络游戏一般，让人大呼过瘾。戴尔灵越"为速欲为"活动网站主旨在展示戴尔灵越处理器的快速高效运算能力。为此，网站设计为一个回环赛道，关于该款戴尔电脑的所有信息，如产品特性、配置信息、爆笑视频、互动游戏以及相关下载等都被设置在赛道节点上，并随着网页主体——笔记本电脑在赛道上的运动而依次呈现。"为速欲为"创造了一个巧妙而充满神秘感和探索性的自由运动空间，将网站展示目的同网页个性设计很好地融合在一起。无独有偶，任天堂马里奥赛车游戏展示网站同样也设计了一个赛道，而且其展示内容更丰富和紧凑。从网站下端的"线路图"我们能看出，网站为马里奥的单程赛道设计了十二个节点。我们滚动鼠标，沿着弯曲的赛道，便可详细了解关于这款游戏的使用、活动、体验、攻略、下载等各个方面内容。

图 6.37　Section Seven 设计工作室，2012

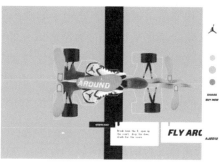

图 6.38　Jordan2012 年新品，2012

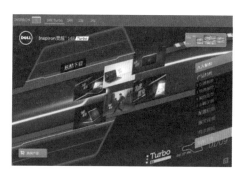

图 6.39　戴尔灵越"为速欲为"
　　　　活动网站，2012

图 6.40　任天堂马里奥赛车游戏，2012

　　诸如此类的网站还有许多。韩国社交网站 Ggorii 的主界面以插画的形式展现，"Are you lonely?"的路牌下，街道上是一个个形单影只的青年，点击标牌之后页面向左拉开，出现同样风格的画面，但街道上的年轻人已经成双成对，同时标牌变为"Why go back?"画面活泼有趣，左右拉开的页面效果让人亲切又感动。美国 Sullivan 品牌设计与互动创意机构的网站则将其服务过的几个最杰出品牌作为内容主体，以垂直运动的页面组织方式展示出来。每个案例部分均分为文字介绍、客户品牌标识、设计应用场景三层背景，鼠标滚动时，各背景部分相互交错，页面流畅生动，顿生奇妙的视觉效果。德国OK工作室网站采用垂直运动方式，页面流动时，工作室标志始终处于页面中间，并呈现不同色彩。文字内容同图片背景形成不同层次，鼠标滑动时，各层呈现不同的搭配效果，十分有趣。背景中虚化的纸鹤很有意境。马来西亚网页设计与网络开发服务机构 Hasrimy 的网站就像是一本巨型电子杂志，信息量极其丰富，包括团队介绍、服务项目、服务目标、服务案例等上百项内容。网页完全是水平移动的浏览方式，整个过程就像是不停地翻书。德国奥托博克假肢矫形器"用米开朗基罗手生活"（living with michelangelo）宣传网站主要展示假肢"米开朗基罗手"给患者带来的生活便利，以及对治疗师和技术人员的操作要求。网站大部分内容展现患者如何熟练和轻松地使用假肢从事各项活动，诸如分享、抓握、收获等多个场景。这些场景与圆形图框里文字介绍分别成为网页的两层，在网页运动中相互组合，展现生动与趣味。

无论垂直、水平抑或是根据网页图形的灵活运动，说到底，这都是网页信息内容变换、连接与自然过渡的方式问题。在一个单一的视域范围内，通过这种运动方式的变化，既最大限度地浓缩了信息，便利了内容浏览与接受，又让访问者充满了奇特又兴奋的观感体验，一举多得，妙趣无穷。

6.5 好网站 会表情

Emotional Design 是美国人唐纳德·诺曼撰写的一本讲述设计情感化的经典著作。诺曼是国际知名的认知心理学家和计算机专家，是一位兼跨科学研究、教育和商业实践等多个领域的设计师。在这本以独特轻松、诙谐幽默的笔法写就的畅销设计图书里，诺曼通过大量的设计案例分析，告诉我们产品的可用性与美观性同样重要，而且二者并不矛盾。诺曼认为，如果我们的设计不能够给我们带来乐趣和快乐、兴奋和喜悦、自豪和骄傲、焦虑和不安等多样化的情感，那这种设计就是毫无意义的。诺曼的情感化设计理念广泛适用于重视与人直接沟通、关系密切相关的各种设计类型，如软件界面、交互媒体、日常产品等。作为交互和界面设计的重要类型的网页设计，在情感化的方向上自然也有同样的追求，而情感化确实也已成为网页设计处理好看与好用之间固有矛盾的重要策略。

情感化的网站设计需求首先来自网站吸引游客浏览的现实动力，浏览量和参与度是衡量网站优劣的重要标准，无人问津的网站起不到任何信息传达的作用，自然也就没有任何价值。情感化的网站设计需求还来自对浏览者接受心理的考虑，浏览者会特别关注和深度参与那些能够跟其在情感上产生共鸣的网站，在离开之后还会经常返回，以便有持续的关注和参与。即使你的网站有最好的 SEO（搜索引擎优化）或者已经通过了最时髦的网页优化 A/B 测试，但它没有一个让浏览者心动的情感投入，那也只能获得浏览者的一次驻足，而不会有持续重复的多次光临。

　　情感对于网站设计如此重要，但我们的网站设计应该传达什么样的情感呢？这个问题取决于网站所展示的产品或服务内容。如果你是运动产品或赛事网站，那活跃、俏皮、热情可能是适合你的情感选项；如果你是新闻网站，那沉稳、客观、真实应该是你要表达的情感内涵；如果你设计的是一个交友网站，那就要营造甜蜜、温馨、可信赖的情感氛围。Fibit 公司 2013 年推出一款有多种色彩的健身腕表追踪器，在其品牌展示网站中（图 6.41），Fibit 将人们佩带这一腕表后行进的路程同自然界的空间距离和动物的运动做了有意思的类比：2.5 英里是纽约中央公园的长度，也是熊猫挥杆 4 400 次高尔夫打出的距离；25 英里是马拉松的长度，也是乌龟滑 364 天滑板的距离；62 英里是地球到太空的距离，也是月球上的青蛙跳 5 456 次才能达到的高度；500 英里是非洲坦桑尼亚塞伦盖蒂平原的长度，也是踩轮滑的独角麒麟尖角上平衡了31 679 856 个盘子的确切高度；等等。在十几个这样的距离类比中，色彩成为网页的关键性视觉要素：每个类比页面均对应一种色彩。多彩的页面对应了多彩的产品款式，再加上趣味、俏皮、活泼的数值比较和动物卡通形象设计，网站轻松幽默、闲适安逸的情感基调跃然纸上，进而传达给人们步行是多么有趣和有益的健身活动的观念。

(a)

(b)

图 6.41　Fibit 健身腕表追踪器，2014

　　网站是多媒体交互艺术，所以其表达感情的途径包括了视觉、听觉的各种形态元素以及页面的运动方式等。视觉形象中的照片、图形和色彩是网站表情的基本单元，清晰而真实的照片最容易唤起人们某种情愫，细腻的图形设计则营造出温暖和轻松，浓烈的色彩传达出的是欢快与兴奋。SOYUZ 是位于圣彼得堡的一家著名咖啡店（图6.42），这里制作最经典、最传统的俄罗斯咖啡。SOYUZ 对咖啡制作有着严格的原料甄选标准和烘制流程。网站的首页用俯拍照片展现出一片深蓝色的平静海水和坐在岸边手捧咖啡的普通人。照片的色调是一种浓烈的暗色，深沉的近乎压抑，而这种色彩与图形正好传达出尊重传统和严谨认真的情感色彩。

图 6.42　圣彼得堡 SOYUZ 咖啡店，2014

网站中的听觉元素对情感表达也至关重要，激烈的配乐能刺激人的神经，让人不由自主地随之舞动，而平静的吟唱则让人变得宁静平和，与同风格的画面相互配合，会让人产生无限的遐想。雀巢 Special-T 制茶机是雀巢专为其特制的 25 种世界名茶配合使用的专用泡茶家电产品，Ogreen 是其中的日本绿茶系列。在其宣传网页中（图6.43），设计者营造了阳光透过清澈的海水直射充满生机的绿色海底的梦幻场景，一袭白衣的少女飘摇于海水之中，苹果沉积在海底细沙之上，黄瓜片则如浮萍般悬空于海洋之中。配合着这一唯美画面的是空旷、幽静、深远、充满禅意的女生的婉婉转转、断断续续的低声吟唱，以及清脆、宁静的敲击瓷器的音乐。这声画完美配合，传达着平和、淡然、深幽的情感意蕴。来自茶的芬芳香气转化为唯美绝伦的视觉观感，又传达出沁人心脾的情感之韵。

网页内容之间的切换和页面运动方式不仅是功能性的，也是情感性的，它不仅能实现选择和浏览的便利，更能展现独特的情感思路。普通门户网站的页面切换中规中矩，传达的是一种严肃、中庸和谨慎；而想要表达某些特殊意愿和目的、承载信息不那么多的网站则倾向于用灵活多变的运动方式设计展现独特的个性情感。当下许多设计公司网站、运动品牌网站或汽车网站

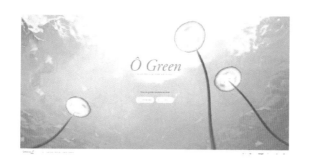

图 6.43 雀巢制茶机绿茶系列，2014

最喜欢采用视差滚动的方式进行页面切换，因为视差滚动的运动方式传达出了不落俗套、追求时尚的创新品格和热情开放的先锋精神，而这正与网站的目标浏览者内在心理契合。

情感化的网站设计近年来很是流行。英国黑屋牛排店（Black House）官方网站首页展现的是一块刚刚出炉的牛排放置于粗糙的桌面上的场景。摆放着暗色的刀叉和铁质托盘的略显杂乱的台面、冒着热气的吱吱作响的稍有发焦的牛排，暗黄的饮品，暗灰的餐具，边缘烧过的暗黑餐垫，这一切都在传达着大快朵颐的粗犷和豪放。威斯汀酒店（Westin）是一个致力于提供优质度假休闲服务的企业，宁静平和是其网站传递的主要情感。网站首页放置了多张全球著名景点的唯美照片，如雄伟的海上大桥、安宁的黄昏庙宇、深沉的闪着烛光的红色灯笼、葱葱茏茏的树林深处等，这些景点如幻灯片般在人眼前交替出现，平息躁动，宁静心神，积聚向往。夏威夷是微笑的群岛，而夏威夷大学招生网站也试图将欢笑传播给每一位浏览者。主页的所有大背景图片都以欢笑的个体为主角：学生面对镜头友善的微笑、舞者羞涩而含蓄的笑、朋友间开怀与兴奋的笑等。幸福和欢乐是网站的情感主题。在母亲节之际，"亲爱的妈妈"活动网站（图 6.44）希望通过简单的编程，帮助每一位参与者制作一个属于自己母亲的页面，连同那些自己平日没有机会跟母亲表达的感谢与爱意一起展现在网页中。网站整体为粉红色，其中心为大量暗色方块拼成心的形态。粉红色彩与心形图案组合，传达出对母亲的浓浓爱意。世界领先的泳装品牌 Speedo 邀请五位奥运会游泳选手、五位艺术大师共同设计了五款经典泳帽。Speedo 限量版泳帽展示网站首页分割为上下两行左右三列，共设置了六个方格界面，除左上角方格为视频播放区外，其他五个为五位运动员的图像。五人精神饱满、跃跃欲试，或欢乐、或休闲、或认真。鼠标滑过各个方格时，两张图片会迅速切换，一如网站传递的快乐运动精神。

图 6.44　　"亲爱的妈妈"活动网站，2014

　　诺曼认为，一项设计应该基于三种不同的水平：本能的、行为的和反思的。本能水平的设计关注的是外形，行为水平的设计关注的是操作，而反思水平的设计关注的是形象和印象。全世界本能水平和行为水平都是一样的，只有反思水平才会因为存在于国家、民族、群体、阶层之间的迥异的文化而有所不同。显然，反思水平的设计才是情感化的最终体现。

6.6　网站童趣的妙用

　　网络热潮裹挟着社会中的每一个人，当一个刚开始牙牙学语的孩童轻松地网络冲浪或娴熟地操作各类 APP 时，你千万不要惊讶，因为他们是接受新事物最迅速的一代。以网络内容鱼龙混杂为借口围堵他们同网络世界的接触毫无益处，甚至适得其反。所以，如何因势利导，借助新媒体的优势，为儿童和青少年创造一片充满绿色与趣味的天空，才该是网络经营者和设计者要认真考虑的问题。以儿童和青少年为目标浏览者的网站设计便是这项工程的最前线。
　　面向青少年的网站，尤其是其中的优秀网站多出自电视频道、游戏产品、教育机构、动物园等机构或组织之手，其设计为最大程度吸引和迎合儿童与青少年的兴趣需求，大量采用卡通形象、手绘图形文字、视频、在线游戏等设计与互动元素。Treehouse（图 6.45）是加拿大一家面向学龄前儿童的有线电视公司。网站背景为一片蓝天下的青青草地，鲜花、蘑菇屋、蝴蝶、小溪点缀其间，充满童话般的舒适与惬意。网站主体内容分游戏、视频和绘图三个板块，在首页前排即布置了大量卡通形象，并以此为分类标准分别链接各自的视频动画、相关游戏和衍生产品等。游戏与绘图是网站设置的互动环节，游戏可在线进行，绘图则需要下载打印相关内容。为了确保父母对网站的绝对信任，儿童网站还经常会设置父母栏目或环节，以创造父母同儿童共同浏览与交流的机会，变单纯的儿童网站为亲子互动的有益平台。

图 6.45　加拿大儿童有线电视公司 Treehouse，2014

在媒体形态不断更新的今天，儿童和青少年会愈来愈多地通过智能手机、平板电脑等移动性终端浏览和搜索网络内容，因此注重儿童网站的适应性设计很有必要。Cartoonnetwork（图 6.46）是美国时代华纳旗下一个专门播放卡通节目的有线电视频道。从网站设计上看，它很好地考虑了儿童的阅读心理和接受特性。同其他儿童网站一样，其视觉元素采用卡通形象，颜色丰富多彩。但在内容编排上又与同类网站有所差异，它极大了精简了网站内容，只设置游戏、视频和社区三个导航，首页采用扁平化设计方法，以简洁的方块图形取代繁复杂多的文字内容，充分照顾了儿童读图的阅读爱好，网站大方简单的界面设计更适合在以 iPad 为代表的平板电脑上呈现，这无疑更进一步增强了儿童的阅读兴趣，迎合了他们的阅读习惯。

有些网站虽然在形象元素使用上充分关注青少年审美兴趣，但在基本的内容组织方面却并非从青少年群体出发而进行针对性设计，其创意策略更像是利用卡通元素创造一种情绪传达或情趣氛围，而其目标浏览者则更多地定位于父母这一能够决定儿童消费动向的家庭角色。这一类网站的拥有者多为与哺育儿童相关的机构或产品，已为父母或即将为人父母的浏览者是他们的主要对象，而童趣和真情则是这类网站所着意渲染的情调。韩国儿童洗浴品牌 Goongsecret 为其一款产品设计了展现细腻母爱的活动网站（图 6.47）。网

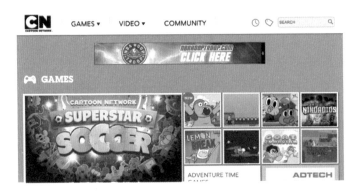

图 6.46　有线电视频道 Cartoon Network，2014

站以初为人母的年轻女性为诉求对象，通过视频影像的方式展现 Goongsecret
洗浴产品带给婴儿肌肤的美好享受。轻柔的音乐、喃喃的细语、婴儿的轻啼
等声音元素，配合视频底部以手绘线描形式展现的白色动画自然风景，充满
着童真、温暖和惬意，让人陶醉且满足。

图 6.47　韩国儿童洗浴品牌 Goongsecret，2014

　　天真无邪的孩子是世界上最美好的事物之一，因此许多本身同儿童并无
直接关系的机构或产品也喜欢创造各种同儿童发生关系的机会，期望通过视
觉元素的结合使人将其同儿童产生接近联想。具体在网站设计上则表现为使
用真实儿童或卡通人物形象、使用儿童式的语言、采用多彩明亮的配色方案、
配合儿童声音或歌曲的网站音乐等。广告创意有流传甚广的所谓 3B 原则，即
三种美好的事物可在广告中展现，以传达产品或服务的美好形象。这其中第
一 "B" 则为 "Baby" 儿童，而第二 "B" 则为 "Beast" 动物。亚洲动物保
护基金会设计了一个精美的以反对活熊取胆、保护月熊为主题的公益网站

（图6.48）。网站制作了一头憨厚的3D卡通月熊。这头憨憨可爱的萌熊成为网站的主角，向浏览者讲述它来到动物保护中心之前的15年的悲惨经历。网站用三本图书的形式讲述月熊今天的幸福生活、之前15年的悲惨经历以及亚洲动物保护基金会为拯救野生动物做出的不懈努力。网站虽没有任何真实儿童形象出现，但忸怩憨厚的卡通月熊让人联想到了可爱的孩子——其实野生动物本身就是大自然的孩子，进而使整个网站充满关爱的情绪。网站没有将儿童作为目标对象或直接展示内容，但弱小、无助、可爱的月熊形象，尤其是月熊坐在无边的黑暗中左右摇头并闪动双眼的画面，激起了人们的无限同情与关爱，网站的趣味性得到很好的传达。

图6.48　亚洲动物保护基金会，2014

除此之外，更多的网站也在童趣上下了功夫。韩国KBS少儿频道网站首页展现的是3D室内空间场景，一张供儿童玩耍的地垫上摆放了大量的方块形儿童积木，呈圆弧形排布的前排四个积木分别刻着KIDS四个字母，传达网站主题。后排积木则或展现游戏、动画视频等内容，或仅作装饰之用。画面色彩丰富，穿梭积木之间的俏皮卡通形象更平添几分乐趣。腾讯儿童频道（kid. qq. com）是腾讯针对5岁以上儿童设立的专属网站（图6.49）。其内容包括了百科知识、趣味游戏、动听故事、卡通形象、儿歌童谣、微漫画等。网站页面背景色彩为蓝白渐变，除页面顶端设置的导航按钮外，网站还以流行的"模拟人生"游戏界面的形式将其特色内容设计为个性化导航。Yoursphere是一个面向9到17岁青少年的社交网站。网站的注册使用需要得到家长的审核认可，且网站具有很好的私密性和安全性，不是好友的使用者之间相互无法看到真实的资料。网站首页设计为真实与虚拟青少年形象的组合，五颜六色的色彩配置同手绘图形文字相互配合彰显出网站浓郁的青春气息。乐高 LEGO 玩具官方网站提供了大量的玩具和游戏供消费者选择，但作为一家企业的官方网站，其并非专为儿童设计，而是面向所有的玩具购买者和消费者，这其中最大的群体是父母家长。所以网站导航中专门设置有"父母天地"。迪士尼（Disney）儿童网站是迪士尼公司专门为少年儿童设计的囊括游戏产品等多项内容的主题网站，网站导航被设计为色彩斑斓的儿童敲打琴玩具，自上而下的 7 个琴键分别为游戏、活动、绘画、视频、音乐、故事和生日，鼠标被设计为敲琴木棍。随着清脆的敲击声，有女声画外音抑扬顿挫地依次读出每个导航的名字，就像在幼儿园里听老师讲美妙的童话故事。

图 6.49　腾讯儿童频道图，2014

6.7　游戏化的网页设计

现代网页设计同游戏设计的界限越来越模糊，这不仅体现为越来越多网页游戏的出现，更体现游戏设计的诸多理念、原则和形态元素频频在网页设计中直接出现或深深影响网页设计。对于前一现象，尽管网页游戏不属于我们探讨的范围，但以简单游戏作为主体内容和线索来组织和设计的网站越来越受人欢迎却是不争的事实。对后一现象，以更强的互动体验为目的的游戏设计在诸多方面启迪着网页设计，如网页中的悬停菜单和提示层、网站个性化的动画加载、网页自定义光标和个性图标、网页关联菜单以及有更强情境感的透视文字设计等。

就网页设计的游戏化看，将网页创意为一款简单游戏是最常见的方式，这种模式多见于进行品牌形象展示的网站之中。直白的产品或品牌诉求是传统媒体广告的事，网络新媒体更适合进行有个性的、体验感更强的互动性诉求。游戏色彩的品牌展示网站便是这一理念的最好展现。"走进蒙联邦，见证

一点一滴好牛奶"（图6.50）是蒙牛最新的品牌宣传网站，网站被设计为一
段见证优质牛奶诞生的旅程：种植牧草、养殖奶牛、初加工、原奶检验、产
品生产、产品运输、售后服务等。每个环节均以游戏探索的方式展开，简单
的flash游戏让浏览者恰如其分地融入网站创设的情境中去，通过有趣的产品
生产与加工体验加深了对蒙牛品质的良好认知。

(a)　　　　　　　　　　　　　　　　　(b)

图6.50　蒙联邦活动网站，2014

　　相比网站本身设计为游戏，大量从游戏设计中借鉴理念与元素就不那么
简单了。网站设计与游戏设计虽同属于交互设计的范畴，但同网站设计相比，
游戏设计更强调参与性与带入感，更注重创设情境同对象进行有效而深入的
沟通。游戏设计多以强烈的故事性吸引游戏者，进入游戏之前的真人电影或
动画都具有很强的震撼力。受这一设计理念的启发，许多网站设计都在载入
动画上下了不少心思，个性化创意型的动画载入成为这些网站吸引浏览者的
重要手段。"蒙联邦"网站的载入动画是一滴由绿色逐渐变为白色的奶液，厦
门比蒙网络科技有限公司网站则将公司吉祥物和标志图形——一头在地平线
上奔跑的"比蒙巨兽"作为载入动画（图6.51）。在大型游戏设计中，伴随
游戏角色的行动会不时有大量对话框出现在页面的相应位置，这些对话框和
提示栏延伸到网页设计上便是悬浮菜单和提示层的设计。Phorce是一款可以
给Mac充电的电脑包，号称世界首款智能时尚包。其网站（图6.52）在向浏
览者展示包的内部结构时，就使用了大量的悬浮菜单和提示层。该品牌一款
黑色电脑包的内部被展示在电脑屏幕上，七八个圆圈内的"+"标记分布在包
内部多个位置上。当鼠标移至某一标记时，相应的菜单提示便展现出来，用
以介绍开关按钮、电池芯、USB口等诸多部分的特殊构造和功能。在游戏设
计中，参与者经常要根据画面提示，尤其是鼠标的提示来执行一些必要的操
作，以完成游戏任务。为体现更好的引导性，实现更好的游戏欲望激发，游

戏中鼠标的光标在经过某个目标区域或物体时经常会变得个性化起来，这在网页设计中也得到了很好地体现。MINI Z 是美国科学工程有限公司（AS&E）推出的世界首款手持 X 光检测仪，这种便携式检测设备无须设置即可扫描难以到达的物体，如地铁或汽车上无人看管的箱包、背包或包裹等。MINI Z 先进的 X 光成像技术可以检测到并突出显示透射式 X 光系统可能遗漏的塑料枪、陶瓷刀、爆炸品和毒品等有机材料，并可在平板屏幕上显示检测目标的实时图像。其产品介绍网站（图 6.53、图 6.54、图 6.55、图 6.56）结合视频影像、动画和模拟操作设置了城市地铁、港口、边境和机场四种场合下 MINI Z 的检测场景，使浏览者通过高浸入式的情境化网站体验，深入感受产品的独特优势。在每一种场景下，网页会在页面左下角展现模拟的检测仪器界面，网页主体画面则是特写的被检物体。当鼠标移至被检测物体之上时，光标会变化为检测仪界面的模拟形态，网站浏览者恰似在亲自操作检测仪器并实时了解到检测结果。除此之外，将网站导航链接或其他菜单设计在一体化的关联图形上，以集中吸引浏览者注意力，减轻浏览者寻找网页内容的视觉付出也同样受到游戏设计的影响。在游戏设计中，人物角色是核心要素，所有设计均围绕其展开，关联菜单的使用非常普遍，也极为便利。

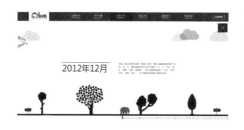

图 6.51　厦门比蒙网络科技有限公司，2014

图 6.52　Phorce 电脑包，2014

图 6.53　MINI Z X 光检测仪，2014

图 6.54　MINI Z X 光检测仪，2014

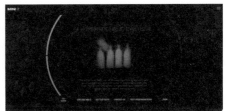

图 6.55　MINI Z X 光检测仪，2014　　　　图 6.56　MINI Z X 光检测仪，2014

游戏在网站设计中得到了很好的应用，这样的例子比比皆是。2014 年首尔国际焰火节网站（图 6.57）的载入动画是一片幽暗深蓝天幕，关于焰火节介绍的多条字幕在天幕中部自远而近淡入淡出，仿佛科幻电影大片一般。同直接切入的网站相比，个性化载入动画进一步激发了浏览者的探究欲望。厦门比蒙网络科技公司网站使用了一头比蒙巨兽的剪影作为载入动画核心元素，随着网站的载入，比蒙巨兽自左向右沿着一条直线奔跑。这种个性化的载入动画让人感觉情趣十足。Panoptiqm 动画工作室网站（图 6.58）则使用了很有现场感的透视字幕设计，当两个页面左右切换时，位于页面左侧的大型文字总是以前后透视的运动效果出现在屏幕上，虽然是很小的设计细节，却创造出有高度现实感的情境体验。Holiday open day 是香港 Thomson 酒店的营销网站（图 6.59），这个营销网站用多个真实的生活片段以影像接龙的方式帮助酒店入住者选择和组织自己的假日生活。网站每个页面均为浏览者提供两个选择，每一种选择均以主观镜头影像的形式展示其美妙情境。鼠标移至每一种选择的图标时，会相应出现此场景的影像提示。Aura 是法国 Withings 公司生产的睡眠灯产品（图 6.60）。这是一个很有意思的网站设计，网站首先是圆形的载入进度圈中间围绕着快速变化的众多不同形态的钟表，然后镜头推近一只放置在柜子上的数字显示钟表，载入结束，钟表时刻从 "7：59" 变为 "8：00"。令人震撼的是，当人们点击页面钟表下方出现的 "nomoresnooze" 字样按钮时，一只锤子从旁边出现，将钟表重重敲碎。

游戏设计不断 web 化，web 设计不断游戏化，这是当今交互设计的重大趋势。看看风靡网络的各种大型网游和以互动游戏为设计主体内容的品牌传播网站，就不难了解到这一点。不过，需要明确的是，所有交互设计都应是以用户的良好体验为目的的，"游戏化" 并非只是一种形式表现，更是为创造最优用户体验的与时俱进的设计追求。

图 6.57　2014 年首尔国际焰火节网站，2014

图 6.58　Panoptiqm 动画工作室网站，2014

图 6.59　香港 Thomson 酒店 Holidayopenday 活动，2014

图 6.60　法国 Withings 睡眠灯 Aura，2014

功能问题

7.1 功能的特征

所谓功能，语义学和词典学解释为"事物或方法有所发挥的作用"。《管子·乘马》"工，治容貌功能，日至于市"，此处"功能"，实为"技能"之意；《汉书·宣帝纪》"五日一听事，自丞相以下各奉职奏事，以傅奏其言，考试功能"，此时之功能已有了作用、功能、功效的意义。在世界设计发展进程中，"功能"一词因现代主义的出现而备受重视，"形式服从功能"的至理金律推动和指引着众多反对繁缛装饰的维多利亚风格的设计观念、理念不断诞生和快速发展。

一般而言，网站的内容不同，其所承担的目的、功能和受众即有所不同，相应的设计理念、设计风格也会有所差异。目的和功能是网站设计前要提前考虑的重要因素之一，它基于受众对象的确认，又直接影响网站内容的组织、网站设计的执行与网站风格的呈现。从功能上看，我们一般可以将网站分为六类：综合门户类、政府政务类、企业商务类、文化休闲类、个人形象类。这似乎是一个绝对安全的分类方法。

综合门户类网站涵盖搜索引擎、综合信息、本地生活等各类形式，搜索引擎式门户网站的主要功能是提供强大的搜索引擎和其他各种网络服务，这类门户网站页面尤其是首页面设计简单，信息分类明确清晰；综合信息式门户网站以新闻信息、娱乐资讯等为主，首页内容较为丰富，信息量大，一般会采用网格式页面或信息流页面；本地生活式门户网站并非本地网站，而是聚焦于普通市民日常生活的同城网购、求职招聘、生活社区等资讯需求的全国性网站（图 7.1、图 7.2、图 7.3、图 7.4）。

图 7.1　搜狗搜索，2019

图 7.2　必应搜索，2019

图 7.3　人民网，2019

图 7.4　腾讯网，2019

政府政务类网站是指一级政府在各部门的信息化建设基础上，建立起的跨部门的，综合的业务应用系统，使民众、企业与政府人员都能快速、便捷地接入所有相关政府部门的政务信息与业务应用。政府组织类网站不仅可以实现政府信息公开透明，更重要的是建立起政府与民众之间沟通的新渠道，实现政府服务的信息化、智能化、便利化（图7.5、图7.6）。

图7.5　山东省文化旅游厅客户关系管理系统，2019

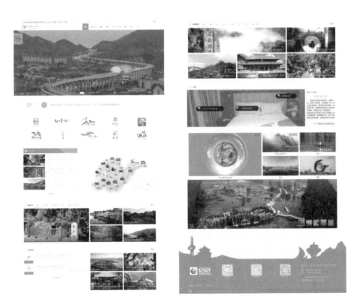

图7.6　好客山东网，2019

企业商务类网站是指一个企业或机构在互联网上建立的站点，主要用于宣传企业形象、发布产品信息、提供商业服务以及提供其他的商业类资讯等。企业商务类网站涵盖以形象宣传为主要目的的企业官网，也包括提供服务、查询、办理、交易等在线业务的商务网站，尤其是以在线交易为主要功能的电子商务类网站更大行其道。

图 7.7　中国银行，2019

图 7.8　华为集团官网，2019

文化休闲类网站主要指为人们提供娱乐、视频、游戏、阅读等服务的互联网站点。度过休闲时光是人们浏览和使用互联网的重要目的之一，在这方面，在线音乐、视频和游戏类网站发挥了重要的作用。但随着移动互联网技术和移动终端的不断发展与完善，休闲娱乐功能正越来越多地从桌面互联网站点转移到移动互联网站点和移动应用 APP、小程序等上面（图 7.9、图 7.10）。

图 7.9　英雄联盟官网，2019

图 7.10　千千静听官网，2019

　　个人形象类网站是互联网站点中的重要类型，是个人因某种兴趣、拥有某种专业技术、提供某种服务或把自己的作品、商品展示销售而制作的具有独立空间域名的网站。这些站点可以来自一些艺术家、设计师或知名人士，也可以来自某些领域内的专业人士或普通人（图7.11、图7.12）。

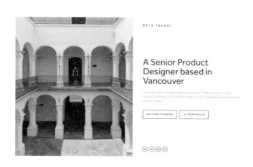

图7.11　加拿大设计师Beta Takaki个人网站，2019

图7.12　作家阮一峰个人网站，2019

如果从微观的角度看，网站的功能来自网页的结构。一个标准的网页往往由导航、栏目、正文等多个部分组成，他们分别承担不同的功能。导航栏是构成网页的重要元素之一，是网站频道入口的集合区域，相当于网站的菜单。栏目是指网页中存放相同性质内容的区域。在对页面内容进行布局时，把性质相同的内容安排在网页的相同区域，可以帮助用户快速获取所需信息，对网站内容起到非常好的导航作用。正文内容是页面中的主体内容。一个文章类页面，正文内容就是文章本身，对于展示产品的网站，正文内容就是产品信息。

在这里，我们尤其需要对导航栏做深入分析。网站导航是实现网站功能与网站优化的重要因素，导航的功能设计优劣会直接影响整个网站表现的好坏。功能完善的导航栏会帮助用户快速地找寻到他们所需要的信息，反之，用户体验会一团糟。优秀的导航设计应具备四个方面的特征。一是导航栏的差异性设定，即导航与内容要有明显的区别。导航的目录或主题种类必须清晰，不要让用户感到困惑，如果有需要突出的区域，则应该与一般网页在视觉上有所区别。二是导航栏的有效性设定，即导航的链接必须全是有效链接。无论是一般导航还是有下拉菜单的导航，里面的所有文字都应该是有效的链接。三是导航栏的准确性设定，即必须有准确的导航文字描述，用户在点击导航链接前对他们所找的东西有一个大概的了解，链接上的文字必须能准确描述链接所到达的页面内容。四是导航栏的结果性设定，导航栏应设置有搜索内容，且搜索行为一定不要出现无法找到的结果，因为这会导致用户极端失望，如果无法精确找出结果，搜索功能应该实现对错字、类似产品或相关产品给出一个相近的模糊结果（图7.13）。

图7.13　教育部网站导航栏、模糊搜索，2019

除此之外，功能这一范畴在设计风格的研讨中还存在实用功能、认知功能、审美功能、象征功能的不同区分。实用功能是通过将设计思想转化为设计物，以满足人的种种物质需要，即重在体现设计物的实用价值，手机是可以用来通信的，椅子是可以用来休息的。认知功能则指通过视觉、触觉、听觉等感觉器官接受来自物的各种信息刺激，形成整体认知，从而产生相应的概念，即设计物通过颜色、触感、声音使接受者产生对设计物的印象；审美功能是设计物内在和外在形式唤起的人的审美感受，以满足人的审美需求，体现了设计物与人之间的精神关系。物在使用过程中是否能唤起人的美感，是判断其是否具有审美功能的依据。象征功能传达出设计物"意味着什么"的信息内涵，比如一辆汽车的豪华程度，不仅表现了它在实用功能方面的进步和完善，同时，还是汽车使用者经济地位和社会地位的象征。

在网页设计过程中，网站的功能与人群定位体现网站的实用功能。如政府网站在于沟通信息与提供公共服务，商业网站着眼于传播商务信息与满足商务需求，文化休闲网站着眼于精神文化需求的满足，这都是实用功能的体现。在当下，许多政府网站已经不仅仅满足于简单的政府公共信息传播，而是期望通过多样化的栏目设置、形式设计与互动技巧，让普通民众摆脱政府部门过于严谨的刻板印象，实现政府与民众的有效沟通。浏览者在浏览此类政府网站时，便会形成政府部门开放、开明、高效的认知。审美功能是认知功能的深化，人们对网站的概念认知引发他们对网站形式感的深入体验，触发审美感受。如丰富的网页配色让人们心情愉悦，超大图片的首页设计让人们感到豁达开朗，巧妙的信息图表设计让人们感到轻松舒适，优美的网站音乐让人们有置身音乐会现场的感觉。网页设计的象征功能主要体现在色彩上，不同的色彩具有不同的象征意义，如绿色代表着宁静，蓝色代表着科技，红色有激情的象征意义，而粉色则同女性化的可爱相关。

实际上，在某一设计物中，实用功能、认知功能、审美功能和象征功能互相渗透、互相联系，而不能截然割裂；由于设计物实用目的的差异，它们凝聚于设计中的比例会有所不同，如对于产品设计来说，轿车的认知功能和审美功能比卡车显得更为重要，这种比例的大小，并不表示次要地位的功能可有可无，而仅仅是显示了相对于其他功能的次要地位。网站首先是信息沟通媒介，所以实用功能是第一位的需求。如果再细分不同的网站，那政务、商务网站的实用功能要优先于其认知功能和审美功能，而某些娱乐网站的认知功能与实用功能同等重要，个人网站则会更强调审美功能，甚至象征功能。

7.2 不仅仅为销售

随着网民数量的增加和网购消费的流行，电子商务网站如雨后春笋般涌现出来。这里面有综合性电子商务平台，如阿里巴巴、淘宝、京东等，也有独立商业品牌的在线商店，如邦购、耐克商城、优衣库、凡客诚品。有数据显示，2010 年我国网络购物市场规模约 5 000 亿元，用户数量突破 1 亿；2019 年全国网上零售额达 10.63 万亿元，用户规模达到 7.1 亿。电子商务网站肩负的职能同综合门户网站、政府组织网站、娱乐休闲类网站等有很大的不同，其商业性、促销性特征明显；但同时电子商务网站又兼具了综合门户网站的条理性、政府组织网站的宣传性以及娱乐休闲网站的活泼性。因此在网站形象设计上展现出很多个性化的特征。

目前国内电子商务网站大多沿袭和模仿淘宝网的模式与平台。这些网站在信息汇集、产品分类等方面优势明显，尤其是其强大的信息整合能力不亚于综合门户网站。以独立商业品牌凡客诚品为例（图 7.14、图 7.15），其网站信息量充足，并注意到了产品相关信息的提供，同时消费者评价设计环节也做得很好。但其缺点也非常明显，一是大量产品信息的罗列造成网站主体信息不明确，网站像一个大型集贸市场，而不是精品销售店，展示网站结构的导航作用并不明显，二级导航内容同网页其他内容多次重复，显得混乱不堪，同时削弱了网站的条理性。网站首页大量使用文字超链接，其实人们在阅读网站时更愿意点击图片而不是文本，首页形象设计贵在新和精，大量内容应该交给导航去做。

图 7.14　凡客诚品，2011

图 7.15　凡客诚品，2019

　　相比较集贸市场式的淘宝与凡客，国内某些知名品牌的电子商务网站在信息处理和网站设计上更接近于精品商店与品牌传播载体的概念。图7.16为美特斯邦威网络销售店，简单的无色系白色背景，适当的首页内容设置，形式简单但内容强大的导航条，让人看起来条理清晰，一目了然，没有过多的视觉压力，更不会产生不知从何下手的无所适从之感。首页用单纯、素雅和醒目的图片链接代替繁复的文本链接，并采用通栏大幅红色背景、白色字体适当突出首页主体信息——促销内容。耐克中国官方商城网站（图7.17）将主导航条设置到网站左边，在背景颜色上采用灰色至深蓝的渐变，给人以隐忍、理性和力量的感觉。网站采用大幅图片展现品牌形象和产品主题。通过自动弹出的二级导航条创造便捷、迅速的使用体验，同时在文本链接上，灰色与橙色交互出现，形成鲜明的色彩对比，丰富观者感受。

图7.16　邦购网，2011　　　　　　图7.17　耐克商城，2011

　　从邦购到耐克，条理清晰、简约大方的电子商务网站设计风格体现得越加明显。在这方面，国外电子商务网站更是很好的例子。Juicy Couture（橘滋）是来自美国加州的时尚品牌（图7.18），其设计走甜美女孩的路线。色彩方面，橘滋选取了极为鲜明的色彩，设计出既清新明艳又别具女人味的感觉。既有糖果般甜美的淡黄色、嫩绿色、彩蓝色、粉红色；也有淡逸自然的米色、浅绿色等，无论哪种色彩，都要让你感受到青春的活力。橘滋除了大家熟悉的女装、运动休闲服饰、手链、腕表外，还有少女服饰、童装、包包、香水、宠物服饰、男士服饰等。在其电子商务网站设计上，橘滋将品牌传播与产品销售紧密结合起来，页面单纯简洁，主体信息清楚，购买流程设计合理，这样的网站不仅仅是网上购买商店，更是自身品牌的良好传播媒介。

图 7.18　橘滋 Juicy Couture，2011

　　不仅在形式上追求简约大方，国外优秀电子商务网站更在风格上尽量同产品特点与品牌个性保持和谐一致。红犀牛 ECKO 是美国嘻哈时尚品牌，其官方商城（图 7.19）在简单灰色背景下，以大幅产品使用图片构成网站主体，视觉冲击力强，很有嘻哈文化感觉。美国家居品牌米欧的网上商店（图 7.20）设计简约大方，白色背景上的绿、蓝色搭配，素雅单纯，很形象地阐释了品牌"美丽、可持续、消费得起"的理念，同时，产品类别、价格、促销、送货等环节设置清晰直接，销售功能一览无余。La Senza 是北美顶尖女性内衣品牌（图 7.21），大幅黑色背景配以紫色点缀，再用醒目的消费者照片做新产品推介，整个画面充满神秘和诱惑，展现出以女性消费者为目标人群的高端品牌的特质。Zing sale 是位于美国加州的一个打折销售网站，该网站汇集大量打折商品销售信息，并实现在线销售。其网站风格则简约而清新，很有一幅居家和勤俭的派头（图7.22）。

图7.19 红犀牛ECKO，2011

图7.20 米欧家居，2011

图7.21 La Senza，2011

图7.22 Zing Sale，2011

　　更多的电子商务网站体现出多样化的设计风格。澳大利亚女鞋、女包及女性配饰品牌Shoe Be Doo网购网站的页面文字手写字体同印刷字体结合，手绘图形同产品图片结合，整体淡蓝色调，卷草植物花纹装饰，清新典雅，有浓郁的新艺术运动风味。美国旧金山Thinkering Monkey木匠工作室网站以浅黄色木质材质和纹理图像做背景，将木质产品图片置于其上，字体规整而严谨，体现木质产品的自然和现代气息。网站画面干净，一如精美的木质家居用品。时尚男装品牌Mrporter的网购网站设计规整而简单，全部采用书写字体别有一番风味。网站有大量留白，图片之间用细线方框隔开，用简约和严谨体现男人的时尚格调。网站使用大量旧日明星作为模特，体现同女性追求流行的差异。Footlocker是世界最大的体育用品网络销售商，其网站页面切分清晰，内容规整，白色字体配以纯黑色背景，体现所谓"专业体育艺术"。页面简单但产品丰富，几乎囊括了全部知名体育品牌。美国家居用品品牌Anthropologie的产品包括服装、厨具、床上用品、配饰等，其网购网站简洁素雅，色彩清新与艳丽和谐并存，主体图片边缘作不规则处理，充满复古与优雅的气质。

美国 Vandelay Design 网站一篇文章中提到，优秀的电子商务网站应具备如下九个方面的特征：简单而明确的导航设计；设计不能淹没产品；便利的结账环节设计；体现品牌要素；设计风格同产品对应；展示最新产品；提供相关产品；详细准确的产品照片；完备的站内搜索。相比国外优秀电子商务网站设计，国内同类网站在产品信息量、结账环节、相关产品提供以及站内搜索等理性和结构设计方面做得较好，但在网站艺术性、视觉美感、特色设计风格以及品牌形象体现等软性方面仍有较大差距。随着对消费体验和个性化需求的不断深入，网民在选择电子商务平台方面将不再仅仅满足信息量等理性需求，而更多地去追求更好的视觉观感、浏览体验以及个性化的品牌认同，电子商务网站的形象设计迫在眉睫。

7.3 微公益 大创意

在网站公益宣传方面，联合国世界粮食计划署做了很好的示范。自2007年开始，世界粮食计划署就设计了名为 FreeRice 的公益游戏网站（图7.23）。网站以多关的英语词汇释义答题为游戏形式，每一关都会为用户提供一道问题，用户答对即可通过该关，并将10粒米捐赠给世界粮食计划署，帮助世界上那些面临饥饿的儿童。配合这一精彩创意，网站在设计上力求简洁明快，翠绿而充满生机的稻田图片作网站背景令人心旷神怡，大面积的绿色元素与盛在原色木纹材质碗中的白色米粒形成鲜明对比，时刻唤醒玩家的游戏斗志和公益信心。

无独有偶，国内一个名为"小题大作"的微公益网站（图7.24）完美地克隆了 FreeRice 的创意，只不过这次的公益主题变成了"答题捐树"。用户登录后只要在网站答对100道题目，项目捐赠方将为"百万森林"项目捐赠一棵树。此前，"小题大作"也已成功运作"一公斤盒子捐助计划"，旨在向支教志愿者和乡村教师提供一系列在教学中使用的教具与活动方案的工具包。

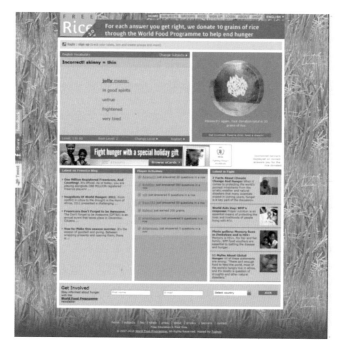

图 7.23　FreeRice 公益网站，2012

相比于"FreeRice"，"小题大作"在形象设计上更为纯粹和简单：白色淡雅网页背景，新颖而有意趣的网站 Logo，醒目而具有冲击力的题目字体设计，所有这些形象元素都为公益信息传达和浏览者方便答题考虑。"小题大作"尝试突破传统途径，挖掘每个网民的"微公益"，通过简单、有趣、透明的方式让尽可能多的人能够参与公益、贡献爱心、收获知识。这最初可能是一种公益的无奈之举，却成就了媒介传播方式的新创意，也为公益网站设计提供了新的参考和榜样。

类似"FreeRice""小题大作"这样的网站，正是以一种更为新颖亲切的创意点子、更为简洁与强烈体验的形式设计，改变了以往传统公益捐赠枯燥、官僚、烦琐的印象，以一种轻松、透明、温和的方式推广了人人都可以做公益的大公益理念。在艺术设计上，网站简洁，内容少但创意精，摒弃繁缛装饰和多余信息，一切以吸引参与游戏为中心展开形象设计。

捐赠固然可贵，公共观念的宣传对于公益事业来说也不可或缺。由微软创意设计的 liveearthtree 网站（图 7.25）就旨在调动浏览者的绘画兴趣和艺术才智，通过亲身参与养成爱树护树的观念，践行绿色环保的主题。网站将电

图 7.24 小题大作, 2012

脑鼠标转换为画笔, 在网页上给浏览者提供空件绘制树叶, 并为每片树叶编制内容标签。网站在设计上以正中位置突出"大树"形象, 并将浏览者绘制树叶的过程在网页醒目位置形象展示, 实现所见即所得, 体现了强烈的交互性和趣味化。

该网站不仅可以有效地传播公益观念, 号召公益实践, 更可以为公益组织提供集中展示和宣传的良好高效平台, "中华黑板"网站 (图 7.26) 就是如此。在创意设计方面, "中华黑板"明显受到著名的"百万美元格子"(图 7.27) 的影响。21 岁的英国大学生 Alex 设计了一个网站, 并将网站首页划分为万个方格广告位, 再将每个方格以 100 美元的价格卖给其他网站。结果, "百万美元格子"获得了巨大的成功, 真的为 Alex 带来了 100 万美元的收入。"中华黑板"虽在创意上有借用之嫌, 但在视觉设计上却大大超越了前者, 而且"中华黑板"拒绝商业网站申请, 坚持将公益做到底。

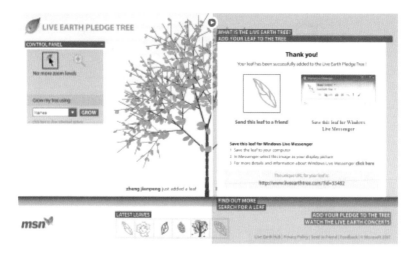

图 7.25　Live earth tree，2012

图 7.26　中华黑板，2012　　　　图 7.27　百万美元格子，2012

　　诸如此类的网站还有许多。"占领网络"Occupy the URL（图 7.28）是美国"占领华尔街"运动的网络延伸。你可以在该网站上输入一个 URL 地址，点击 Occupy 按钮后。输入的网页上就会不断出现一些举着"我们是 99%"字样标牌的抗议者，并最终填满整个网页，最后硕大的"we are 99%"的字样替代原有网页。做绿色的事 Do the green thing 是一个以视频共享为主要形式的公益环保网站，每个月它都会发起一次"主题环保行动"，号召人们响应，并把自己参与活动的自拍视频、音频或图片传到网站上。网站会选择最有意思的放在首页上予以推荐。网站 logo 和主体图像具有浓厚的手绘风格，显得清新而活泼。网站背景简单，页面淡雅之中抹一缕绿色。在"呼吸的地球"这个网站上我们可以看到每一个国家实时动态的出生和死亡人数，以及像自杀般向大气中排放的二氧化碳数量。土黄色的地球图像灰暗而沉重，似乎在向我们警示它的不堪重负；不断变化的数字、不断变红的国家区域以及连续的齿轮咬合的网站背景音效让人倍感压抑与局促，彰显地球环境问题的不断加重。NHK 曾设计了一个幼儿识字教育网站（图 7.29、图 7.30、图 7.31），浏览者可在网站提供的十字格中输入一个三笔图形，随后网站将自动播放以这个三笔图形为主要形象的各种动画影像，并伴有轻松欢快的乐曲。网站黑色背景与白色字体形成鲜明对比，视觉冲击力极强，动画效果与轻快音乐很受幼儿喜欢。有一个名为"体验家庭主妇的辛苦"的网站（图 7.32），该网站由一系列游戏设计构成，其主题是为让男性体验一把家庭主妇的辛苦。网页游戏内容包括了刷马桶、擦地板、烤面包、放拖鞋、调水龙头、翻蛋、擦窗户等。网页背景单纯，游戏图标设计简单清楚，网站采用的 flash 技术虽不复杂但互动意味强，充满了别样情趣。

图 7.28　占领网络 Occupy the URL，2012

图 7.29　NHK 幼儿识字网站
（书写内容），2012

图 7.30　NHK 幼儿识字网站（生成动画），2012

图 7. 31　NHK 幼儿识字网站（生成动画），2012

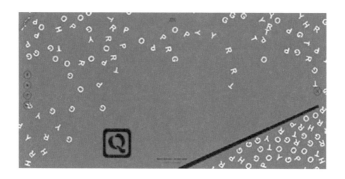

图 7. 32　体验主妇的辛苦，2012

在公民意识日益增加的今天，对待公益，每个人缺乏的可能不是能力或实力，而是更可信赖与透明的组织机构，更为方便与简单的参与方式，更为灵活与趣味的观念教育。在这方面，趣味化的公益网站创意与设计无疑能够以最低成本实现最大的效果。

7.4　网站设计的"生态观"

生态设计源自 20 世纪六七十年代的美国，设计理论家和社会学者维克多·巴巴纳克在《为真实世界而设计》一书中对当时的设计师如此评价："是他们创造了各种新的不可分解的垃圾而使我们的环境杂乱不堪，是他们选择的材料和制作过程使我们呼吸的空气受到污染，设计师，已经成为一个危险的种群。"60 年代的巴巴纳克很不为人所理解，直到 80 年代石油危机进入人们的视野后，人们才发现并惊醒于遍布在建筑设计、产品设计、包装设计等诸多领域中的环境危机。

相对于产品、建筑等设计形式对于资源的索取与破坏，网页设计似乎最为环保与自然——建立在虚拟平台上，不占用物理空间资源，不产生废弃包装物等。即便如此，网页设计师们也在为展现环保生态的绿色设计奉献着自己的力量。当然，更多的不是物质上的生态，而是视觉传播与观念引导上的生态。

直接展现大自然的元素是生态网站设计的常见方式。就像欧洲新艺术运动以自然界弯曲的植物有机曲线作为设计创意的源泉和素材一样，有些网站设计在背景、主体图形等内容上经常采用来自自然界的生态有机形象。贝尔小屋（图 7.33）是美洲最北部一个旅游胜地，起伏的山脉和森林是这里的特色。贝尔小屋的网站页面以实际的木材形象作为背景，真实自然景观图片同零星的松叶、吐丝的蜘蛛、爬动的蚂蚁等形象结合，展现生态自然的氛围。页面中的一页旧报纸更为这种生态的设计增添了些许怀旧与眷恋。

图 7.33 美洲旅游胜地贝尔小屋，2012

苏奇（图 7.34）是英国一家纸制品设计与生产公司，这家公司把文具用品纸做成了一种完全不同的风格。公司所生产的所有记事本和绘画速写本都是用再生纸材料制成的，并且在封面上以丝网技术设计印刷上不同风格的插画。因为苏奇独特的封面设计效果和并不明亮的亚光色彩，导致他们的产品看上去都不像是新物件，反倒是像从旧货市场淘来的。这正好同苏奇品牌倡导环保自然与绿色循环的概念契合，并赋予了产品一种不可多得的私人性、特殊性和质朴感。苏奇对自然与循环的喜爱深刻地体现在了其网站设计上。该网站首页以一个褪色的、边缘充满褶皱的破旧牛皮纸信封作为背景。每个下级页面也都以一张废纸作为背景。每张纸的特点各有不同。有的布满了褶皱，有的还能隐约看出纸张正面的字迹。苏奇用多媒体网站的视觉展示形式将纸的触觉特性表达了出来。始终贯穿于网站之上的还有红色边框，就像是我们使用笔记本时的页面分界线。网站上的字体也采用了各不相同的打字机字体，更让人觉得整个网站就是一页页来自不同场合的承载过无数信息的废旧纸张的集合。

图 7.34　英国纸制品公司苏奇，2012

不仅木材、纸张、树叶、动物这些真实的自然生态元素能够直白地表明网页设计的生态主张，对于木材、纸张、叶脉等自然性本质的模仿图像同样也可以暗示出网页设计的生态观念。Aroma 芳香设计（图 7.35）是一家位于温哥华的网页设计与品牌传播机构。同其名字一样，芳香设计公司的网站透着一股淡淡的生态之美：浅蓝或浅绿的色彩背景，单纯而干净；轻轻点缀着的海星、草叶、椰子等图形体现对自然的关注；更有趣的是网页 logo 中的叶片图标，以及网页色彩体系中绿色与白色的自然过渡，都在丝丝入扣而又不饰夸张地表达自然的宁静与恬淡。

相比于产品设计采用绿色材料、环保技术和先进工艺流程来追求对环境的少伤害甚至无伤害，生态的网络设计不仅侧重于采用绿色元素，更着意于以素淡平衡、自然简洁的观念构建网站总体结构和展示效果，并体现为对网站设计中各元素组织均衡的考量与浏览者视觉伦理的关注。甜菊（图 7.36）是希腊著名茶饮品，其网站构图简单，除了零星点缀的绿色叶片搭配白色茶

图 7.35 Aroma 芳香设计，2012

杯是亮点外，近却虚的勺子图像与远却实的包装图像形成鲜明对比，突出视觉中心，形成了合理的视觉流程和秩序。画面元素虽然不多，整体感觉却很充实，茶盒、茶包以及茶杯的光影效果也让人倍感清爽。

图 7.36 希腊茶饮品甜菊，2012

以生态设计为本的网站创意比比皆是，德国牛奶品牌 Berchtesgadener Land 是来自德国山区的新鲜的早餐奶，其网站主页背景为山区木屋墙壁的图形，慵懒的主人，和煦的朝阳，洁白的被褥，摆在床上的牛奶茶点，再加上屋外心形的薰衣草花环，一幅恬淡悠闲的生活景象。网站导航与页面内容以一长条草地与白花点缀的图形隔开，更凸显生态自然的韵味。天津奔唐设计公司官方网站（图7.37、图7.38）首页 flash 选用西游记题材，以剪纸人物形式表现唐僧师徒四人跋涉千山万水赴西天取经的经典场面。灰黄的经卷用纸色彩作为 flash 页面的主体背景，师徒四人徜徉在水墨样式的山水画面之中。页面中心部分增加了老电影效果，以"旧"展现生态与环保。电影《画皮2》官方宣传网站是一个并不运用绿色或自然元素而体现网站生态有机设计的例子。网站以暗金色和灰色作为统一的主体色调，以中轴对称的形式组织每个页面。被乌云遮蔽的太阳，直竖的长剑均是画面左右对称的中轴线。连导航设置、人物排列也呈现左右对称之势，有力地展现善良与邪恶的对立斗争。筹划中的美国国家同性恋博物馆项目网站（图7.39）很有趣地将页面分为左右两个部分，随着鼠标的移动，左边部分自下往上、右边部分自上往下运动，并在恰当的时机拼合成"首页""关于我们""博物馆和展品""博客""新闻和事件""捐赠""参与""联系我们"几项内容。这种巧妙的设计使得网

图 7.37　奔唐设计（首页），2012

图 7.38　奔唐设计（内页），2012

图 7.39　美国国家同性恋博物馆，2013

站既活泼个性又有机统一，同时还暗示同性恋者的两性关系。设计博客 ilovecolors 的网站总体感觉像盛夏的花园，各种颜色的花朵争奇斗艳。在土黄色的网页背景上，一片片撕开的旧牛皮纸承载了网页内容信息。网站处处展现传统与"旧"的效果——纸的撕痕、不干胶贴纸、订书钉等，营造出有机与生态、宁静与平和的味道。生态设计本来是以应对主要发生在产品设计领域中的能源与环境危机而诞生的设计解决策略，而今却已涉足到了各个设计领域，变成了一种体现设计责任感和社会伦理的重要范畴。网页设计本身就具有生态环保的得天独厚的优势，今后随着这一观念成为绝大多数人的生活追求和时尚理念，网页设计的生态潮流将愈加深入。

7.5　为"事件"而设计

文字与印刷的时代，人们将海报、图书、传单等印刷品视为信息传播的极佳手段，尤其是当人们需要传承那些生动的往昔故事，以及预告未来的生活事件时，这种媒体的价值就更为彰显。而如今，大部分的事件和故事的传播都可以通过更受人喜爱的网络媒体来实现。

与其他安排大量信息内容的网站不同，这些只用来传播某个个别事件的网站设计简单而又充满强烈的冲击力和吸引力。它们主题集中、页面简洁，并善于制造热烈的事件或情节气氛来展示内容。位于斯德哥尔摩北部索尔纳的"好友"体育场是瑞典最新的国家体育场（图 7.40），设有 5 万个座位，是瑞典最大和最现代化的体育场。自 2013 年下半年开始，这里陆续举办了世界杯预选赛、欧洲女子足球决赛、瑞典足球超级联赛、英国铁娘子乐队巡回演唱会等多场大型体育赛事和音乐演出活动。体育场网站在设计时将简洁的信息同炫动的画面融合起来，将活动的时间与项目介绍作为网站内容的重点，以热烈而丰富的画面展现各项活动的气氛。从导航系统看，网站只设有活动介绍、场馆介绍、关于场馆及以往活动的新闻以及联系方式四项内容，但因为使用了大量活动的现场图片，从而使整个网站充满激情与兴奋的调性。网站在设计上并没有炫耀技术，而是注重实用性，网站的结构和布局也适应于随时增添和删减相关活动信息的需要。为了增加网站的互动性，它还设置有票务销售的功能，当网站浏览者进入某一活动的介绍页面时，你可以在右侧看到购票的按钮。

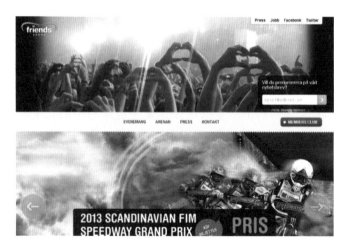

图 7.40　瑞典好友国家体育场，2013

　　事件与活动网站所营造的页面风格应该同事件本身的氛围与调性高度一致，同时尽量具有方便快捷的社交互动功能。2013 年中国交互设计体验周的网站设计（图 7.41）就采用了当时最流行的扁平化的图标设计方法，将网站导航设计成了几个具有强烈交互触控色彩的界面模块，规整系统地编排于网站首页面的核心位置。当鼠标点击时，模块随机变化出蓝、绿、红等不同颜色，充满互动感和趣味性。这个像极了 Windows8 桌面的页面设计很好地传达了交互设计体验周的活动主题。网站首页两侧还设有箭头，通过鼠标点击即可出现触摸屏幕才有的左右滑动的视觉效果。

图 7.41　中国交互设计体验周，2013

　　在事件和活动类网站的表现内容里，"时间"往往是非常重要的一项。在
确保可以有效传达的基础上，"时间"的表现形态也呈现多种多样的风格。
2013 年中国交互设计体验周呈现出来的是倒计时，并将其以醒目的拟月历牌
的设计形态安排于网站底部悬浮导航条的右侧。倒计时牌采用绿色背景与白
色字体对比，点缀于整个网站页面的右下方，让人很容易就注意到。美国波
特兰设计周（图 7.42）是波特兰市一项重要的艺术文化活动，一般在每年的
10 月份举行。为了让更多的人了解设计周举办的确切时间，并吸引大家积极
参与注册各项活动，网站首页将活动举办时间作为重要信息在页面中心位置
突出呈现出来，其面积占到了整个网页的 1/4 多。2013 年在瑞典斯德哥尔摩
召开的 Nordic Ruby 开发会议的网站（图 7.43），首页展现的是会议举办地优
美的自然环境，而会议名称与时间则作为核心信息呈现在页面中间位置。为
了使内容简单的页面看起来更有趣，网站还采用了居中编排的方式安排导航、
图片、文字等所有内容。

图 7.42　美国波特兰设计周，2013

图 7.43　Nordic Ruby 开发会议，2013

诸如此类的网站还有许多。面对众多的现代都市女性消费者，百利（Baileys）巧妙设计了一个闺蜜日 4 月 17 日，并为之建立了一个网站——百利奶油威士忌"好闺蜜，誓一起"闺蜜日活动网站，以吸引女性在闺蜜日向自己亲密的女性朋友说一声"谢谢"。网站首页中心位置即为圆形的活动参与登录界面，浏览者需输入自己的出生日期才可进入。奥迪新 Q5 配备了新一代 quattro 全时四驱系统。"见地未来"奥迪俱乐部线下活动网站展现的是自 5 月 26 日起，奥迪从香格里拉出发，纵横中国全境，探索城市、山地、公路、雪域等各种路况的整个过程。网站主页为标注有多个城市的中国地图，导航则为代表各种路况的抽象化图标。2013 年北京国际马拉松比赛在 10 月份举行。其网站首页用大背景图片展示此项比赛之前的各种盛况，靠上部位置以项目的色彩显示距离本届比赛还有多少时间，网站导航设计过细，信息量太大，但整个网站布局还算合理，条理较为清楚。荷兰 Go4 活动组织机构以组织各种派对活动见长，尤其是商业派对活动。其网站使用了派对现场的图片作为网页背景，并结合黑色与灰色作渐变处理。网站竖向分为三栏，页面中间部分黄紫蓝三种颜色的色条分别引领其中一栏，整个页面区块布局简洁，条理清晰。美国纽约州亚萨卡市公共艺术活动信息网站汇集了该市未来一段时间（最长 30 天）内的公关艺术活动信息，有展览、音乐会、歌剧、话剧、舞蹈演出等。网站的重点展示内容为各种活动的时间、地点、参与方式等，首页呈现的每个活动皆被设计到一张便签纸上，有生动的场景感和生活感。

因为不需要传达太多的信息，所以事件或活动类网站多为微型网站或者干脆采用单页面形式，即使稍微复杂，网页深度上也不会超过两层。它就像是平面海报的网络化，只不过它有平面海报所没有的对象感与互动性。它会精心营造页面风格，采用图片丰富视觉效果；它也会巧妙设计浏览者的互动环节，使用"注册"、"登录"或"购买"的界面刺激和收集人们的反应。当然，事件与活动类网站也有其时效性，它无法维持对人的持续影响和传播，事件一旦结束，其使命也宣告完成，不过这并不会削弱其传播价值，反而因为其短时性而使设计师可以无负担地抱着尝试的心情展现其多样化与个性化的创意思维。

7.6　彰显网站识别性的设计

网站的识别性体现为网站独特而鲜明的视觉主题与形象，是网站结构层次、图形运用、色彩选择、文字编排等诸多设计风格要素的融合，以及这些视觉要素同网站内容之间恰切的互动与诠释。如同视觉传达设计中被人津津乐道的企业、品牌或产品识别一样，良好的网站识别意味着其极易被浏览者关注、认可和有效点击，并使得网站黏性显著提高。

　　网站的识别性高低首先体现为网站信息展示是否符合浏览者基本的视觉流程习惯，并按照这一习惯安排网站内容。一般而言，人们在阅读时遵循从上到下，从左到右的浏览顺序，因此左上方往往是平面视觉中最先被人关注到的区域。将重要的或比较容易引起浏览者共鸣的网站信息，如图标、照片、标题等置于页面左上方或上部区域，便可以有效提高网站浏览的效率和被识别与记忆的程度。MINI 跨界概念车 MINI Paceman 在日本开展了试乘试驾活动，在其网站上（图 7.44），活动主题"MINI 赢取东京不眠夜"同 MINI 标志一起被置于网站左上部，暗夜下伫立于东京街头的 MINI 汽车紧随其后，成为浏览者的次级视觉关注点。根据视觉流程规律，网站左上区域往往成为网站识别作用的最大承载者。

图 7.44　MINI Paceman 试乘试驾活动，2013

　　不同的色彩具有不同的心理意义，因此网站在配色方面也有不同的考量，以展现差别化的主题与风格特征。黑色象征了严谨、沉稳，同时给人以强硬权威和科技的神秘之感，如汽车、电器主题的网站；粉色展现着活泼与娇嫩，女性、恋爱、婚姻等浪漫气息较浓郁的网站内容更倾向于这一色彩；红色承载了激情与热烈，往往会调动人的参与冲动，因此运动类主题网站或品牌营销活动经常采用以此为核心延伸开的色彩体系。专门定位于年轻女性的朵唯

手机发起了 5.25 自拍日社交活动，并建立了一个粉色为主色调的品牌传播与
活动分享网站（图 7.45、图 7.46）。手机机身色彩同网站色彩高度统一，体
现其对应女性消费群的细分定位，粉色的娇艳、活泼展现出浓郁的自我爱怜、
欣赏与强烈的自信。

图 7.45　朵唯手机 5.25 自拍日（首页），2013

图 7.46　朵唯手机 5.25 自拍日（内页），2013

　　图片作为融合了色彩、文字、图形等多种信息的设计元素，其在网站识
别性的体现上更为重要，在网格化的网页设计风格中，图片往往会作为体现
网页简洁、严谨与规整的最佳媒介。MXD 即腾讯移动体验设计中心，其官网
设计为博客网站形式，通过发表各类技术性或研究性文章来传达腾讯关于移
动体验设计的理解与成果。网站首页中上部设置横幅图片作为焦点文章的链
接图片，下方文章列表也以网格图片配文章概要的方式编排设计。整个主页
内容充实，条理清晰，让人一目了然又不会单调乏味。

　　漂亮的字体也是引起受众浏览关注的重要因素，尤其是当人们受够了单
一和缺少变化的印刷字体后，偶然出现的手写字体和书法字体对人的吸引更

甚。这些手写字体具备印刷字体所缺乏的感情意蕴，它们或轻松随性、活泼洒脱，或沉重含蕴、意味深长，彰显出网站独特的个性色彩。端岛是日本长崎县 500 多个荒岛之一，岛上居民 1974 年全体搬离，此后政府便禁止任何人进入，被称为日本的现代鬼城。借助谷歌发布的关于端岛的最新街景照片及谷歌浏览器技术，设计师设计了神秘的端岛介绍网站（图 7.47、图 7.48）。黑黝黝的孤岛海景图片作为网站背景，粗大白色笔刷的汉字"端岛"赫然显示于页面中央，仿佛一部老旧电影胶片再现。在介绍每一处景观时，flash 画面最新呈现的介绍字幕也是汉字与日文夹杂的粗体手写字。手写字体的随意更像是端岛残旧建筑上的涂鸦，断断续续地述说着这座被遗弃的荒岛的落寞与神秘。

图 7.47　日本端岛（首页），2013　　　　图 7.48　日本端岛（内页），2013

　　当然从经济便捷的角度考虑，网页设计绝大多数会选择字库中的印刷字体，但同样是印刷字体，我们仍然可以针对不同的网页内容、主题、页面位置等信息选择不同的字体形态和处理方式去聪明地使用浩如烟海的印刷字库和创意字体，标题、正文、登陆文字等均可展现不同风格。不过，我们也应该注意，在一个网页中，并非字体越多越好，过于多样化的字体可能会给浏览者带来迷惑，至多三种字体可能让人感觉更佳，某些简单的网页甚至可能只使用一种字体。如环法自行车赛一百年回顾网站的次页（图 7.49），页面以记分牌的形态展现从 1903 年第 1 届环法赛，到 2012 年第 99 届的全部赛事信息。表示年份的数字均采用统一的近黑体形态，数字颜色与背景色彩特意设计为环法赛总积分领先参赛者所穿的领骑衫的颜色——黄色。依次展现的年份牌填满了整个网页，简单清晰又充满阵列的气势，昭示着环法赛一百年来始终如一。另外，不仅字体形态，文字大小在网页中的变化同样具有隐喻或指称的意义。文字大小代表了其在内容序列中的地位高低，体现着网站的内容层次性。

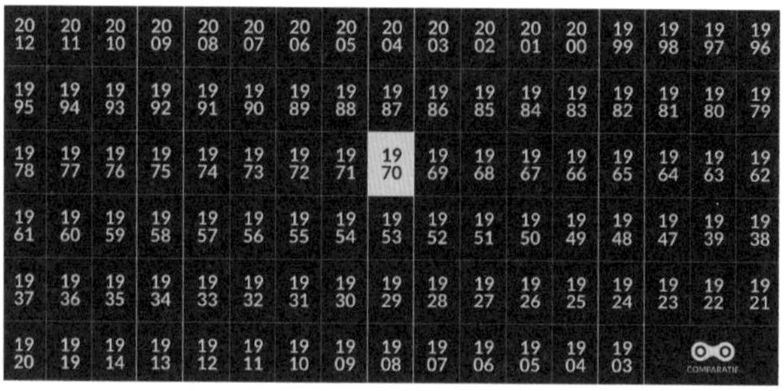

图 7.49　环法自行车赛 100 周年，2013

心理学中关于认知整体性的法则启示我们，很多时候，人们在浏览网站时，第一眼关注到的并非某个具体的设计要素，而是事物的整体和概貌性特征。因此，网站的内容编排和整体风格是否符合浏览者认知兴趣成为影响网站识别性高低的关键因素。网页设计师普遍认同一个所谓的 KISS 法则，即 Keep it simple and stupid，简洁而愚蠢，简洁代表对网页设计风格的基本要求，愚蠢并非贬低设计师或浏览者，而是对人们认知事物时倾向于简单、便利、轻松、快捷的有点"耸人听闻"的界定。简单的内容编排形式、统一的字体色彩与形态、集中单纯的网站传达主题，浏览这样的网站，人们不会因为找不到线索而无所适从，不会因为纷乱的色彩与图片而迷惘困惑，简洁的意义即在于此，这既是功利性的考量，又是一种显著而招人喜欢的独特设计风格。

诸如此类的网站还有许多。如正邦设计机构网站，网格化的版面布局样式，简洁、严谨、有序、清晰。图片在网站的形象展示方面发挥了重要的作用，成为网站展示形态的核心。网站中每张图片无论大小均为超链接，这跟网站意在展示正邦公司优秀的设计案例作品有关，形成了鲜明的设计特色。日本音乐电视频道 Spaceshower SYNC 主题活动网站也颇有一些这样的风格。该音乐频道邀请六位导演拍摄了针对爵士、古典乐、朋克等六种音乐类型的 MV。网站截取这六部 MV 的片段作为首页图片竖排展示于主页之上，点击图片时，影像内容随之实现预览，静态图片与动态影像在页面上实现快速转换。韩国现代储蓄银行网站为典型的左上视觉中心信奉者。网站标志位于页面左上角，首页加载完成后出现的银行理财提示信息、营销活动对话框以及手机银行的提醒说明等也位于这一位置。网站在首页中部位置设置了银行形象代言人的图片，相应的标题则位于图片左侧。南京森林摩尔艺术街区项目网站（图 7.50）采用简洁的页面，插图式绘画，模拟树枝的自由线框式的按钮编排方式彰显这是一个重视自然与环境的特色房地产项目。网站中的很多元素都采用拟物式的设计，树的纹理、鸟的羽毛、滑过天空的电线以及站立其上的鸟儿，无不透出在森林中漫步的味道。重庆视酷（siko）数字营销公司网站使数字化、科技感、数据信息图表等设计风格和要素在网站设计中得到完整体现。页面顶端与底部区域均设置红色背景，页面上下滑动时，永远保持顶端导航与网站标识可见，让浏览者可迅速去到网站任一内容区域。页面简洁干净，主体信息突出，视觉表现方式灵活有序。

图 7.50　南京森林摩尔艺术街区，2013

由此看来，网站展现鲜明的识别性并非某一单一或特定视觉要素的任务，它更多的是基于网站设计的目的、网站内容的主题以及浏览者兴趣与习惯的设计策略与思路选择。所以，我们需明确，网页设计非纯艺术，彰显个性的最终归宿仍是传达。这是网站的存在价值，也是设计的本质使然。

7.7　时装网站的视觉密码

为自己的产品设计一个能够吸引消费者眼球的网站是许多时装企业热衷的营销方式之一。就目的而言，要么将其作为品牌形象的展示媒体，要么直接将其作为一个有效的销售平台。无论何种目的，优秀的时装网站都将时尚作为其要传达的不二主题。要达到这一效果，某些网站策划和形象设计的考量必不可少，如合理的受众分析、巧妙的色彩配置、时尚的模板建构、精彩的图片展示、有效的文字阅读以及强大的网站后台等。这其中，对于时装来说，丰富而巧妙的色彩配置、时尚而简洁的编排结构、真实而直观的产品和模特图片展示是其中最为直接有效的三种手段。

时装网站不同于一般极简主义风格的网站，前者所要传达的内容更为实际和丰富，尤其是将网站作为电子商务平台运营时，其内容更为庞大，因此不大适合只使用某种单色的配色方案，除非产品的品牌风格即是如此。Smart是韩国校服品牌（图 7.51）。该品牌本就倡导通过色彩缤纷的组合，为学生群体带来鲜明的视觉效果与个性风采。在网站用色上，蓝色、红色、灰色、紫色、褐色等都有所体现。多彩的配色既是时装本身的特征使然，也是吸引浏览者注意的有效手段，可视为此类网站视觉设计的黄金法则。

图 7.51　韩国校服品牌 Smart F&D，2014

　　从网站结构上看，时装网站较少采用单一页面的设计样态，而是注重对信息的多方面详尽展示。即使是专门针对某一款时装产品的品牌微型网站，也多会通过各种方式引导人们自然地转移到销售平台上来，以便了解更详细信息或直接购买。意大利时装品牌 Diesel 的网站（图 7.52），主页表面上看简单之极，但导航的设置却涵盖性很强，如"产品库"下包括了男装、女装、Black Gold、diesel 童装、55DSL 等，"品牌活动"下则包括了 dieseltribute、dieselreboot 等，"在线商店"栏目下的内容更为庞大。因此看似简单的主页之下蕴含了复杂的网站层次结构，集合了产品展示、品牌传播和实际销售等多项功能。

　　时装网站第三种手段是直观的图片展示，这也是网站展现其时尚性的最重要手段。此类网站展现模特或服装图片的方式大致有旋转式、滑动式、背景式和网格式等多种。旋转式图片模式通常创造一个华丽的图片库，通过旋转视图一次可显示多张图像，只不过图片之间有主次、实虚、焦点和背景的区分而已。这很像人们面对许多旋转木马，每次只能关注其中一个，但其他也会涌现在你的眼前，而且他们总是一个圆圈式的无限循环。VOGUE 杂志的官方网站（图 7.53）展示的图片即采用这种旋转的排列模式，这种图片组合

图 7.52 意大利时装品牌 Diesel，2014

处理让人感觉图片之间产生了互动关系，单个图片也不会感觉突兀和孤立。网站将旋转图片置于导航栏上方，也足见图片信息对于网站内容的重要性以及设计者对这种图片展示方式的钟爱。Mac OS 操作系统中的图片浏览模式与此类似，只是无法实现所有图片的无限循环。

图 7.53 VOGUE 杂志，2014

滑动式图片展示则更像是构建了一条图片长廊，一张张图片是长廊中一扇扇精致的轩窗，为浏览者展示出奇妙的时尚世界。实际上，滑动式图片廊有时也可以看做旋转展示的一种，一是因为左右滑动也是旋转式图片之间常见的运动和切换方式；二是某些滑动图片廊也可以一页同时显示几张图片。但多数滑动图片廊的展示方式仍是单张式的，且一般需要依靠图标按钮来实现图片之间的转换。Roberta di camerino（诺贝达）是意大利时装皮包品牌（图 7.54），其官网首页展示五款最新皮包设计，图片排列采用滑动图片廊的方式呈现，图片可自动播放，也可通过点击下方的浅色圆点来实现，圆点表明了图片的展示顺序，正在展示的图片其下圆点显示为红色。

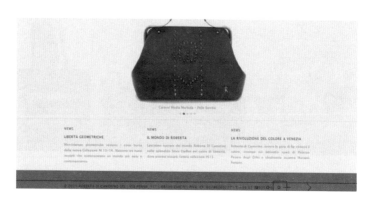

图 7.54　意大利品牌 Roberta di Camerino，2014

　　背景式和网格式图片模式多用于单一和静止图片的展示，前者将图片覆盖于整个页面之上，作为网站所有内容的背景图形。后者则根据页面网格规划，利用大小不一的各种方形图框，灵活多变地展示各种时装效果。背景图片模式如意大利时装品牌 Lubiam 的官方网站。主页为男性模特着 Lubiam 服装的户外照片，中间位置设计有四个灰白方块作为导航按钮。跟一般网站背景图片只有一张不同，Lubiam 网站的背景图片有四张，分别对应了代表四个子品牌的四个导航按钮。网格图片模式最为常见，一般销售时装的电子商务网站均以此种方式作为展示图片的排列形态。大大小小的网格图片在页面里均匀排列开，形态、位置均有不同，点击之后便可出现关于产品的更详细信息。有些网格图片也会借助 flash 技术进行动态设计，以增加展示效果，吸引浏览者点击。

　　大量的时尚类网站的设计风格别有特色。如意大利时装品牌 Ekle 的官方网站，其主页图片采用旋转式排列展示，图片之间虽有箭头按钮，但不具备点击切换功能，仅指示图片运动方向，图片可自动切换。主页面可同时显示四张图片，其中某一时刻的重点图片位于画面左侧第二位，其幅面最大。时尚箱包品牌诺贝达（Roberta di camerino）中文官网，其首页主体为箱包产品及模特形象展示，五张典型图片以旋转式自动播放展示，展示过程中图片虽无虚实变化，但创造出了前后透视的效果，主体图片突出靠前，其他图片位居其后，通过创造距离感来突出图片之间某一时刻的地位差异。阿迪达斯"形色酷玩"之"冬季夹克造型对决"活动网站创造了"街头范"与"运动派"两种冬季夹克造型，分别用不同的模特图片来展示。两组图片分居画面左右，浏览者可通过鼠标滑动实现图片上下相对方向的无限循环切换，是视差滚动技术的简单应用。荷兰板类服饰潮牌 Protest 官方网站采用的是背景图片展示方式，同 Lubiam 类似，其在首页中间位置也设计有四块半透明灰白色块，分别作为滑板装、男装、女装和童装的导航按钮。鼠标移至不同区域时，网站主页背景展示相应的服装图片内容。巴西服装品牌 Banana cafe 官方网站图片排列可视为网格模式的进化，虽然模特与服装图片仍以散式编排的方形框的方式呈现于页面之上，但这些图片已非平面的网格，而是立体的方块。当鼠标移至其上时，各种颜色的图片方块会左右上下翻动，展现服装的更多信息。

从行业类别上看，时装及时尚配饰用品是所有行业类别中网站数量最大者之一。在"网页设计师联盟"① 拥有的号称国内最大的商业网站优秀设计案例库中，服饰饰品类网站有 1500 多个，超过汽车品牌、手机通信、教育科研、美容时尚、娱乐游戏等行业。大量的网站数量背后是众多的信息获取期待和品牌传播需求，梳理和了解此类网站的风格类型与视觉设计特点，既是对浏览者信息鉴别能力的提升，又是对设计者推陈出新、追求个性和多样的刺激与鼓励。

7.8　与时俱进的政府网站

随着电子政务事业的不断发展以及互联网在各行各业中的广泛应用，政府网站开始成为影响人们社会生活的诸多新媒体形态的重要内容。政府网站为人们提供了各种信息查询、政务公告、在线服务等便利。一般情况下，政府网站的功能固定而直接，因此在内容选择、栏目设置方面都具有一定的标准和模式，其设计也大多采用统一的模板。不过，随着人们对政府事务的关注，以及政府提供公共服务的多样化与个性化，越来越多的政府机构网站开始向现代与时髦转化，一些最新的网站设计技术与艺术元素开始频繁出现在政府机构的网站设计中。这种现象在政府机构服务意识相对强烈的欧美国家表现最为突出。

---

① 网页设计师联盟，号称国内网页设计行业第一综合门户站。创办于 2003 年，是一个集网页设计师晋级认证、作品展示、设计资源共享的大型设计类垂直网站平台。网址为：68design.net。

　　瀑布流是一种近年来流行起来的网页布局方式，视觉表现为参差不齐的多栏结构，随着页面滚动条的向下滚动，网站不断加载文字或图片数据块并附加至当前页面最尾部。这类布局多用于社交分享网站、电子商务网站以及一些娱乐潮流类网站，而作为政府机构的美国田纳西州政府网站也时髦地采用了这种布局。在首页上我们看到的是一个扁平化风格的图片拼接的画面，大小不等的展示田纳西州地方新闻、商务机会、汽车服务、家庭协助、教育、天气、会议、音乐会等各种信息的方形图片组合在一起。缩略图片同文本信息因为鼠标的碰触交替出现，意在展现田纳西州政府的现代高效作风。美国亚拉巴马州的政府网站（图 7.55）几乎囊括了目前网页设计的所有流行趋势，首先是大背景图片的使用，网站采用了蓝天与地平线交会的场景作为页面背景，并对图片做虚化处理，进而在模糊页面上设置白框白字的透明导航按钮。在其他图标的设计上，网站也严格地实践了扁平化的设计风格，网站首页第一行的导航按钮还特意采用狭长的字体设计，以尽量展现网站的简洁与现代。而且，亚拉巴马州政府的网站还是可适应的，人们可以通过不同终端的各种尺寸显示屏浏览最合宜、最恰切、最完美的视觉内容。

图 7.55　美国亚拉巴马州政府网站，2014

　　简洁与扁平化是美国众多政府网站设计的新动向，而且似乎已经成为大家有所共识的设计规范，而单页面、网格化与透明图标则是其具体表现。另有一些政府机构网站甚至在此基础上，尝试采用视差滚动的方法创造别样的浏览体验。美国南卡罗来纳州政府网站采用了整幅图片作为页面背景（图 7.56），在背景风光图片静止不动的情况下，通过覆盖于风光图片之上的文本信息的上下滚动实现文本与背景的巧妙互动，展现天空与大地交替出现的美好景象。网站左侧设置深蓝色半透明蒙版作为导航区块，其他部分则大量留白，仅在精彩的风光之上分散地排布五个小黄点，作为网页重点推介内容的链接。南卡罗来纳州政府网站也因其精彩创意和精妙设计获得了当年度美国最好的网站和 GMIS 精英成就奖等多项殊荣。

图 7.56　美国南卡罗来纳州政府，2014

　　我国的政府机构在电子政务与网站建设方面同欧美国家仍有一定的差距，但随着近年来政府职能与服务意识的提升与转变，个性、轻松、活泼、亲近的政府机构形象也开始在网站建设上逐渐展露出来。这其中又以旅游网站最为明显。采用大背景照片是近年来网站设计的流行趋势，山东省旅游局官方网站就以"好客山东"作为主题（图 7.57），采用了云海缭绕的群山形象作为网站背景，生动展示山东独特的地理风光和人文资源，网站重视图片的渲染效果，首页以大图片展示山东优美旅游景色，而主体部分大大小小的网站内容图片则以拟物化设计方式处理为相框照片效果，充满了愉悦、轻松和生活家常的味道。

图 7.57　好客山东，2014

山西省旅游局"晋善晋美"网站的图、文、色配合与感染效果更为强烈（图7.58）。网站首页以大图片背景展现五台山苍翠欲滴的植被、高耸挺拔的白塔以及鳞次栉比遍布群山的金顶红墙寺院。完整的大幅图片里布满各种冲击力强烈的色彩，充分展现山西的"善"与"美"。网站上部设置仿红色门槛的导航条，楷体书法字体导航文字体现出浓郁的古典味道，大量的山西旅游资源内容介绍浓缩于四个导航按钮之中，以简单驾驭繁复。在"晋善晋美"网站的视频展示环节（图7.59），网站将大量的精彩影像内容依照网格以扁平化模块的方式编排在一个可左右移动的页面之中，作为视频影像缩略图的扁平图片整齐排列，并每隔一段时间即随机在各自区域范围内作前后翻滚运动，打破方形画面区块的单调感，带给人生动与跳跃的新奇感受。而在"带你看景点"环节，网站又将图片与视频融合，以景点照片的不断更迭变化与真人解说结合，创造三维立体视觉效果，营造浸入式游览体验。

图7.58　晋善晋美，2014

图7.59　晋善晋美，2014

创意新颖的政府网站还有许多。白宫网站（whitehouse）是美国政府最知名的网站，但首页却非常简单，采用大幅照片作为网站最醒目内容，网格化的布局展现时尚杂志般的阅读效果。首页内容虽少，但导航链接下的内容却极其丰富，只有鼠标滑过导航按钮区域时，这些庞大内容才一一展现，可谓简单外表下隐藏了一颗丰富的内心。国家旅游局网站是典型的中国政务网站，条分缕析，内容清晰，网格化布局色彩显著。我们可以在网站首页找到所需要的所有内容，优点是一目了然，简便直接；缺点是一股脑的灌输，内容繁复，无法在一屏中浏览到全部内容。尤其是导航部分，细小的字体，密密麻麻竟然设置了两排26个。浙江旅游网页面背景为透着光晕的蓝色天幕，主体内容为三排扁平化的方形图块，每个图块的背景色彩均为不同明度的蓝色系，并带有文字与简单图标两层信息，分别链接旅游政务、旅游资讯、旅游视频、淘宝旅游馆、中国旅游报浙江版、旅游手机报等不同内容。英国军情五处网站，这个鼎鼎大名的007老家的网站其实设计得非常简单，网格化布局主要浅尝辄止地展示军情五处的主要职责、发展历史以及一些不痛不痒的新闻。不过，作为一个在外人眼中如谜一般的情报机构，愿意设计一个时髦的网站就是最大的进步了，当然，军情五处设计网站的主要目的是为招揽人才。中华人民共和国中央人民政府网站与美国白宫网站有异曲同工之妙，页面内容简洁清晰，全部页面虽不能在一屏内显示完毕，但绝对只需滚动一次鼠标滑轮；页面上部的八个导航按钮配以扁平化的图标设计，链接了大量隐藏的网站内容。无鼠标碰触时，导航部分连同首页主体图片营造典雅内敛风格，有鼠标碰触时，则下拉菜单覆盖首页主体图片，呈现出一个小型网站的庞大内容，供浏览者选择点击。

不可否认，政府相关机构网站肩负着全面传达政务管理信息，为民众提供最大化的在线社会服务的职能，但这并不能成为这些机构网站沉溺固定模式、追求大而全的理由。实际上，我们上面提到的网站，虽首页简单纯粹，但网站下级页面的信息量并不少，他们利用简洁的导航设置将大量内容隐藏起来，以开门见山、平易亲切的第一形象展现在浏览者面前，生动的网站风格会使浏览者心情愉悦，更会大大增加民众对政府机构的好感。

8

技术问题

8.1 技术的特征

网页设计是艺术与技术的完美融合，技术是网页设计中至关重要的内容，也是网页设计的基础要素。从 20 世纪 80 年代开始，网页设计产生了 HTML、XHTML、CSS、JavaScript 等不同技术类型，并时至今日最终形成 CSS3、HTML5 等使用广泛的网页设计技术方式。所以我们把网页设计称之为技术的美学十分恰当。

技术美学一词最早产生于 20 世纪 30 年代，最初主要用于研究工业产品的艺术设计问题，因此也叫工业美学、生产美学或劳动美学。20 世纪 50 年代，捷克设计师佩特尔·图奇内最早开始使用"技术美学"这一名称，1957 年，瑞士成立国际技术美学协会，技术美学一词正式确立。作为实用美学的一分子，技术美学研究的是人与物质产品之间的审美关系。技术美学把美学运用于设计、商品交换领域，是美学与技术相结合的一门新兴现代科学，技术科学和艺术结合而形成的交叉学科，是美学一个实用性分支。而网页设计艺术无疑是技术美学研究的最新领域与最新课题，因为技术在网页设计中的意义更加显著。

20 世纪八九十年代我国技术美学研究渐入佳境。1984 年，钱学森《对技术美学和美学的一点认识》一文刊登在《技术美学》杂志上，文章提到，"文学艺术的创作也总要个科学技术的基础，没有纸张、印刷，也就难有今天的文学；没有摄影技术和电声技术，也就不可能有今天的电影。这是一个方面的关系，可以说是科学技术为文学艺术服务，现在我们的'技术美学'是一门把美学运用到技术领域中去的新兴科学，可以说是另一个方面的关系，是美术为科学技术的产品设计和制造服务"①。1986 年《装饰》杂志第 3 期刊发了钱学森对于技术美学诸多想法的辑录,题为《钱学森同志谈技术美学》。在这篇文章中,钱学森特别强调了"交叉性"的问题,他说,"技术既然是人的物质手段,那么,它就是服务于人的,要符合人的需要,符合人的生理和心理的特点。美感是人们同外部对象交互作用而产生的高级心理活动,也是人思维活动的结果。所以,应当引进人体科学和思维科学,这对技术美学是会有很大帮助的。"他进一步阐述道,"人体科学包括生理学和心理学。工业设计是为满足人类的需要而设计的。'设计'作为一种创造性思维活动,有科学、技术、艺术、经济等多种考虑,它离不开抽象思维、形象思维和灵感思维。而美,特别同形象思维密切相关。如果说技术美学是从美学上研究工业设计及其实践的话,那么,它就不能不认真研究设计思维活动中的审美经验、方式和规律"。而"技术美学的'交叉',不只是自然科学范围内的,如生理学、心理学、人体工程学的'交叉'。由于它是技术美学,它是科学技术与文化艺术相结合的学科,而美学、艺术的现象又与人的社会实践和社会意识有密切联系,人们的社会实践和社会意识不同,社会地位不同,阶级不同,美感也不一样。""因此,更重要的'交叉'是自然科学与社会科学的'交叉'。工业设计和技术美学中的经济效益、产品开发、消费反馈等等都是社会问题。工业设计作为创造性的思维就要综合考虑社会心理、社会消费、社会的审美趣味、企业的经济效益、产品的质量和成本、劳动效率等一系列因素。所以,工业设计、技术美学就不能不同劳动心理学、消费心理学、社会学、经济学等社会科学'交叉'。"②

曹小鸥指出,由美学界所引发的关于技术美学的探讨,对于中国设计界的影响可以说直接反映在 20 世纪 80 年代后期及 90 年代中国设计理论界关于中国现代设计方向的论战中,这场论战的一方最先就是以研究工业设计起步的中青年设计师,而他们的对方则是以工艺美术作为研究对象的理论群体。③ 1994 年 10 月,中华美学学会技术美学学术委员会、天津社会科学院联合主办了"全国技术美学与设计文化"研讨会。会议代表们就技术美学的基本理论、技术美学的应用性、当代中国设计文化取向等问题展开了热烈的讨论,并形

① 钱学森. 对技术美学和美学的一点认识 [J]. 技术美学, 1984 (1).
② 钱学森. 钱学森同志谈技术美学 [J]. 装饰, 1986 (3).
③ 曹小鸥. 技术美学,中国现代设计的重要转折:20 世纪中国设计发展回溯 [J]. 新美术:中国美术学院学报, 2015 (4):41.

成了一些基本的理论观点，也产生了一些观念分歧。如关于技术美学基本理论方面，有人提出技术美学理论的基本范畴为"技术美、形式美、艺术美"，三个范畴对应了产品的"实用、认知、审美"三种功能。武汉大学陈望衡、浙江大学周跃良提出，技术美学的定义包含四个方面，即"其基础是消费者的共同期待与共同情感；其决定因素是技术的先进性和完善性；其审美方式是静穆的关照与操作性体验的结合；内含功能与形式的统一"①。天津社科院马觉民提出，"技术美是科技时代一种特殊形态的功能美。对功能美的感受是非概念和超功利的"。天津社科院徐恒醇在此基础上进一步提出，技术美造就的功能美包含："人们改造世界目标的视觉化；通过物的组合秩序表现出环境与人的协调；通过产品生态的和心理的定位成为生活方式的表征和个性美的确证；通过人与物的关系体验使人感受到社会的温馨和人间亲情；作为使用价值的表现，激发人的购买欲。"②

关于技术美学的应用性，当时的学者们已经普遍意识到，技术美学是对技术产品审美价值的研究，这对于提高工业技术产品的审美品质具有重要意义，技术美学"不应单单停留在理论层面，更应介入设计实践活动。要把形而上与形而下结合起来，把技术美学与具体设计结合起来，以实现对生活、社会的影响，并求得技术美学研究自身的进一步发展"③。关于当代中国设计文化取向，有人认为时下的产品应由单纯功能结构型走向结构美学型，形成自己的民族风格。有人则认为，就一般产品的造型来说，总的趋向是小批量、多样化、个性化，而产品的技术含量越高，聚力民族化越远。有人则强调设计是一种创造，创造则不会雷同，中国人有自己的审美文化和审美趣味，只要真正是中国人创造出来的成果，就自然带有中国特色。南京艺术学院邢庆华就在会议上提出，"当代西方设计走向辉煌的历史，也是经济腾飞的历史。产品是功能美与艺术美的复合体，它是建立在现代科技基础之上的。我们的产品设计要走自己的创新之路，就要有丰富的个性化表现"④。

很显然，自改革开放以来，学界对技术美学的探讨多集中在哲学社会科学领域，多为美学式的反思，这也导致了不少研究者片面地从理论层面进行哲理思辨，而忽视了同艺术实践的融合，尤其是超越传统工艺的技术层面，

① 永馨."全国技术美学与设计文化研讨会"综述［J］.文艺研究，1995（1）：154.
② 永馨."全国技术美学与设计文化研讨会"综述［J］.文艺研究，1995（1）：154.
③ 张卓颖.全国技术美学与设计文化研讨会综述［J］.天津社会科学，1995（1）：113.
④ 永馨."全国技术美学与设计文化研讨会"综述［J］.文艺研究，1995（1）：154.

去认知现代技术对艺术创作的影响。学者高鑫认为，技术美学可以分作两个阶段："一是古代和近代的传统艺术，艺术的材质多取材于大自然，多取材于自然中原生态的自然物质。其鲜明技术美学特质是：自然、原始、古朴、韵味、持久、耐人寻味。二是现代的现代艺术，由于科学技术的发展，科学技术直接介入艺术创作，催生出全新的艺术形态和全新的美学观念，其鲜明的技术美学特质是：光电、集合、惊颤、刺激、瞬间、碎片、虚幻、梦境、光怪陆离、目不暇接。"① 高鑫所提到的传统艺术包括了音乐、舞蹈、绘画、建筑、雕塑、诗歌和戏剧，这些传统艺术"以真为美"，强调对艺术韵味的品味感悟，突出创作个体的个性美；而摄影、电影、电视、网络等现代艺术是高科技介入艺术创作的结果，它们倡导以幻为美的虚拟的美，强调震惊的视听刺激，是群体制作的结果，是复制美。

网页设计无疑是追求"虚拟美"的艺术类型中的重要一员，这种美是网页技术作用于艺术创作的重要结果。网页设计融合了图像处理、影音播放、多媒体展示、人机交互甚至增强现实、虚拟现实、人工智能、云计算等多种现代科学技术，这些技术确保了网页设计的简约美、和谐美、生动美。网页设计的简约美来自网页形态中的大标题、大图片、全幅影像、留白、纯色等，这些形态效果的实现与 CSS3、HTML5 网页技术息息相关；网页设计的和谐美体现为网页色彩配合、数据可视化以及同一页面不同终端的一致性显示；网页设计的生动美则体现为各种互动技术的运用。互动是网页艺术不同于其他现代艺术的重要特征，它拉近了艺术设计作品同受众或用户之间的距离，使艺术体验更为真切。不过我们需要注意的是，尽管技术是艺术生成的重要基础和手段，但人们最终欣赏和认可的仍是一个完整和独立的艺术作品，而非其所用的技术、材质、工具或技法。正如电影艺术大师、同时也是电影技术大师的卡梅隆所说，"我希望人们遗忘技术，就像你在电影院里看到的不是银幕而是影像一样，一切技术的目的，都是让它本身消失不见"②。

8.2　大背景网站的超炫视觉

有一个源自消费行为学的传播原理——AIDMA 法则，其中五个字母分别

---

① 高鑫. 技术美学：上 [J]. 现代传播，2011（2）：70.
② 萧游. 卡梅隆：精彩的梦是笔好买卖 [N]. 北京青年报，2010-01-14.

代表了 Attention（注意）、Interesting（兴趣）、Desire（欲望）、Memory（记忆）、Action（行动）。AIDMA 法则告诉我们，人们在消费决策时，往往先从被营销活动和广告作品吸引开始，然后产生对此产品或服务的兴趣，继而萌生强烈的购买欲望，最终在销售终端依靠此前的记忆进行针对性的购买。在这一过程中，影响决策最为首要和关键的环节是先入为主的 Attention（注意）。心理学认为，人的注意分有意注意和无意注意两种。前者需要人们在注意的过程中付出一定的意志努力，是主动和有心的注意；而后者则是被动和无心的注意。人们对于广告的注意多属无意注意，对于网站浏览也大抵如此。因此，设置一个大大的吸引人们注意的"由头"就成为网站设计成功的关键要素，大背景和大图片的采用正是这种网站设计理念的具体体现。

大型图片、夸张表现、震撼性和冲击力是这类网站的突出特点，也是网站吸引人注意的重要手段。其中，具有真实性与现场性的摄影图片作为网站背景最为常见。巴西著名服装品牌 Biamar 就大量采用了模特摄影图片作为官方网站的背景（图 8.1）。这个创始于 1986 年的针织服装品牌似乎很在意人们是否会因为其注重产品品质和天然原料而将其视为传统和老派的代名词，虽然 20 多年的历史相对其他品牌并不算很长。为了避免这种可能的印象，其网站使用了大量身着最新款产品的年轻模特形象。这些靓丽的、充满青春朝气的年轻人漫步街头、海边、草地上、林荫间、汽车旁与马球场。写实的生活场景真实展现着品牌和消费者年轻的灵魂和性格。为了不影响这些大图片的传播效果，网站甚至将导航设计为隐藏式——只有当鼠标滚动时，导航才会在页面顶部出现，以尽可能地保持视觉空间的统一与整洁。位于杭州之江新城的"钱江·BLOCK"是效仿欧洲中心小镇风格建设的集商务、休闲、办公、生活于一体的特色街区，其推广网站首页也尽量淡化文字介绍，而大量采用真实景观作为背景画面（图 8.2）。不同的是，该网站并没有采用一张整幅画面作为背景，而是将几张风格相似的摄影图片进行区域切分和重新编排组合，体现出强烈的平面构成意味和海报特色。正方形与长方形的图片相互组合拼接，带有核心关键词的文字图片则嵌入这些现代图形方块之中，颇有荷兰风格派代表蒙德里安知名作品《红黄蓝》的艺术风格。

除了真实的生活图片，经过一定加工处理的超写实摄影或艺术插画也是大背景网站表现视觉冲击力的有效手段。超写实摄影的表现力很令人震撼，如澳大利亚设计机构 MAUD 的网站（图 8.3）。这家公司的作品曾多次获得英国 D&AD 设计大奖，在业界享有很高声誉，其网站设计也别具一格：偌大的纯黑

图 8.1　巴西服装品牌 Biamar，2013

色画面简单直观，一个被彩绳捆扎的烤肉鸡蛋三明治位于图片中间。面包片、鸡蛋、番茄、烤肉等各种视觉元素被超现实放大，并表现出不断地用力挣脱彩绳束缚的状态。同时，食物的香气同烤肉的烟雾掺杂在一起，一股子运动的张力弥漫于画面之上。使用艺术插图作为网站背景更为奇妙。Jacqui 是新加坡一家生产蛋糕食品的公司，它的"生产厨房"网站就采用了整幅插画的方式介绍"彩虹蛋糕"的制作过程。这些插画以铅笔手绘与实物图片相结合的方式将蛋糕的 30 项制作程序一一道来，充满了无尽的趣味。

图 8.2　钱江·BLOCK，2013　　　　图 8.3　澳大利亚设计机构 MAUD，2013

　　以具有动画效果的背景作为网站首页也是此类网站的特点之一。海尔·云海湾楼盘官方网站将 Flash 动画与图片结合，几乎每一个页面都有一个大幅画面背景，有生活场景、建筑外观、园林植物、室内装饰甚至城市俯瞰等，画面上白云穿梭、流水淙淙、鸟鸣蝶舞。这些大背景图片既形象直观地展现出楼盘特色，更节约了网站加载时间，优化了网站浏览体验。也正是因为这种直观性和经济性，大量与建筑、景色等直接视觉吸引相关的网站都热衷采用这种大幅面背景的设计方法，尤其是高档酒店、度假区等。位于日本三河湾国家公园的浦郡·三谷温泉平野屋（图 8.4）的网站首页被设计为上下两个区域，上部为白色背景上的网站导航内容，配合黑白色彩和简单造型的植物装饰与书法字体，素洁淡雅，同时以 Flash 动画展现落英缤纷的视觉效果；下部则为酒店真实图片，展现酒店夜景、海景、雨景和室内特写，一幅宁静闲适的感觉充盈其间。酒店图片部分约占整个页面的 2/3，四张图片以淡入淡出方式交替展现，仿佛一段清新自然的电影画面。页面中间仅有的几列文字长短不一、疏离分散，透着一股子随意和慵懒。

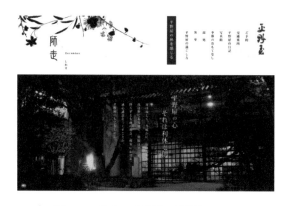

图 8.4　日本三谷温泉平野屋，2013

我们还可以举出更多这样的例子给大家分享。香港 Carbon 设计工作室网站（图 8.5）首页背景为淡淡蓝色，中心大圆为蓝白交融的网站图标，四周围绕七个较深蓝色的圆形导航图标。拖动导航图标至网站图标之上并释放鼠标，即可进入下一级页面。网站首页整齐划一，素雅干净，大幅淡蓝留白画面传达出雅致清新的味道。美国西弗吉尼亚州石墙度假村网站（图 8.6）以绿色为主基调，以大幅远景和全景图片展现度假村周边优美自然环境和室内装饰特色。网站简洁大方，首页淡蓝色背景同度假村美景照片自然衔接过渡，巧妙融为一体。阿迪达斯名为"炫彩冬日"的 2012 冬品新品推介网站真的设计了一个五彩炫目的首页。页面由两百多个五颜六色的正方形色块排列组成。当鼠标划过时，正方形色块被区分为三组，分别展示"冬日型装""所有新品""门店地址"三项内容。美国亚特兰大数字媒体代理机构（Sagepath）的网站浏览过程被设计成一次现代都市旅行。随着鼠标的滑动，充满整个屏幕的画面从室外草坪开始，然后进入办公室，越过厂房车间，穿过街道和巴士车站，走过地铁站台，走进酒吧，再走向高架桥口，又重新走过草坪，如此往复循环。在不同地址节点，可以点击浏览新闻、公司介绍、业务、客户、作品、联系方式等众多内容。闪迪摄像机存储卡"世界上最美的星空"(Starlit Sky) 活动网站的背景为整幅的美丽星空景象。蓝色的天幕之中，闪烁着无数的星辰，并不时有流星划过，而星空下的群山与城市显得分外渺小。网站蓝色背景上稀疏的白色文字，更衬托出宇宙的空旷与辽远。

图 8.5　香港 Carbon 设计工作室，2013　　　图 8.6　美国石墙度假村，2013

大图片作为网站背景在首页设计上如此常见，既有视觉传达吸引受众注意的功利性和经济性考虑，也同服装、楼盘、酒店等网站内容本身利于视觉呈现以及不追求过多信息量有关。实际上，大背景的网站设计更创造出了一种海报式的网站设计风格：淡化文字的阅读性，突出关键词和大幅面图形要素的传达力与震撼性。在平面媒体不断"被式微"的当下，这种网页设计风格或许可以看作是新旧媒体融合的又一表征吧。

8.3　响应式网站的自由美学

近年来，随着移动互联网的迅猛发展，在网站浏览方面，以智能手机、平板电脑为主要形式的移动设备开始具备了同个人电脑分庭抗礼的实力。但设备的不同尺寸也使得专为 PC 设计的网站遭遇到屏幕显示不对应的尴尬。很多网站的解决方案是为智能手机或平板电脑用户设计另外专供其浏览的网站，这无形之中又增加了网站建设与维护的成本。对此，美国网页设计师、畅销书作家 Ethan Marcotte 提出 Responsive Web Design 的概念，国内译为自适应网站设计或响应式网站设计，即可以自动识别显示设备屏幕宽度，并做出相应调整的网页设计。

响应式网站设计的核心是 CSS3 中"Meida Query"（媒体识别）模块，即自动探测屏幕宽度，然后加载相应的 CSS 文件。在 CSS 代码编写时，适应式网站允许网页宽度自动调整；不指定像素绝对宽度，而是用百分比宽度；页面文字不指定绝对大小，而使用百分比的相对大小；同时，各个区块如网站 logo、导航、图片栏目等的位置皆设定为浮动的，而不是在固定位置一成不变，图片也设定为可以根据屏幕大小自由缩放。响应式网站一改 PC 网站因为栅格结构决定的固定形态，创造了一种可以随屏调节、自由变换的和谐与适度美学。

响应式网站的自由、适度与和谐首先体现为移动设备显示页面 logo 位置的设计上，PC 端网站 logo 一般位于页面左上方，对于较大视觉范围来说，左上方为视觉流程的起点，是浏览者最先关注的地方。而到了 Samsung Galaxy 屏幕上时，网站 logo 则被转移至页面上方居中位置。因为在较小的视觉范围内，若仍按左齐头方式编排 logo，很容易造成视觉失衡。不仅网站 logo 如此，导航与 logo 之间的位置关系也会因屏幕尺寸变化而进行自由的变换调整，以保持在特定空间内的最佳视觉效果。如 Foodsense 是一个美食分享网站（图 8.7、图 8.8），logo 为黑底白字的"食物感官"圆标，导航则列于首页左侧，并结合手绘图标展示。进入智能手机端页面后，原本在页面左上角的网站 logo 被调整至居中，而原本左侧竖式排列的导航在隐藏掉图标后，被调整至新页面的最顶端。

图 8.7　Foodsense（桌面设备显示），2013

图 8.8　Foodsense
（移动设备显示），2013

　　世界野生动物保护基金会（WWF）的官方网站也是不错的响应式网站（图 8.9、图 8.10），其导航在 Samsung Galaxy、iPhone 等智能手机屏幕上显示时会被隐藏，只有在点击网站 logo 右侧的按钮图标时，导航栏目才会以下拉菜单的形式呈现，做到了较小视觉空间内的整洁、秩序与平衡，但网站本身内容并未减少。当然，由于 iPad、Kindle 的屏幕尺寸同 PC 屏幕相差不大，网站在这些终端上的显示仍延续了 PC 端的编排效果。

图 8.9　WWF（桌面设备显示），2013

图 8.10　WWF（移动设备显示），2013

　　不仅区块少、结构简单的网站可以从容实现适应性转换与和谐平衡，一些内容及层次较为复杂的网站亦能实现很好的自适应效果。《波士顿环球报》是波士顿发行量最大的报纸（图 8.11、图 8.12），其网站信息容量极大，但 iPhone 移动端页面将这些内容很好地融合进狭长的屏幕空间内，然后有条理地通过上下滚动条依次呈现。

　　响应式网站在最新的网站设计技术支持下，实现了从 PC 端到智能手机、平板电脑的全渗透，创造了流畅、舒适、自由、和谐的一体化视觉浏览体验。难怪欧洲知名科技博客 TNW 预测，响应式网页将成为网站设计的主流趋势。但就国内网站设计来看，似乎并不乐观，国内响应式网站成功的案例较少，大多在移动终端上的显示效果不太令人满意。即使是前文中提到世界野生动物保护基金会官网、波士顿环球报网站等，其首页之外其他页面的适应性设计也有许多不足的地方。

图 8.11　波士顿环球报（桌面设备显示），2013

图 8.12　波士顿环球报（移动设备显示），2013

　　类似的网站还有许多。Responsinator 是预览各种移动设备网站效果的趣站（图 8.13）。这不是一个响应式网站，但它是你检验和欣赏自适应网站在不同设备上显示效果的不错的网站。它可以模拟实现在 iPhone 5、Samsung Galaxy、iPad、Kindle 等移动终端上的各种适应性显示效果。美国前总统奥巴马夫妇办公室的网站（图 8.14、图 8.15、图 8.16、图 8.17、图 8.18、图 8.19），网站 PC 端显示首页为视频背景大图，左侧为网站导航。在移动设备端显示时，仅显示视频背景大图的中间带有视频点击诱导语的部分，而导航内容则移至上方，作隐藏处理，画面简洁大方。英国圣保罗学院网站（图 8.20、图 8.21）的移动端页面保留了网站首页大图和网站 logo 等简洁信息，将网站导航等大量内容隐藏起来，点击后可全部显示，既保证了信息充分，又保持网站秩序清楚明晰。FT 中文网是英国《金融时报》唯一非英文网站（图 8.22、图 8.23），作为新闻性网站，信息量较多，网站采用突出重点信息的方式来进行梯次呈现，隐藏式导航的应用成自适应网站的标准做法。

图 8.13　Responsinator，2013

图 8.14　桌面端电脑显示，2020

图 8.15　iphone 横屏显示，2020

图 8.16　ipad 横屏显示，2020

图 8.17　iphone 竖屏 　　图 8.18　Android 竖屏 　　图 8.19　隐藏导航展开
　　　　 显示，2020 　　　　　　 显示，2020 　　　　　　 效果，2020

图 8.20　圣保罗学院（桌面端），2020 　　　　　图 8.21　圣保罗学院
　　　　　　　　　　　　　　　　　　　　　　　　　　　　（移动端），2020

　　响应式网站有良好的技术适应性和视觉审美感，代表了移动互联网的发
展趋势，但其在设计时需要投入大量的精力，以应对浩大的工作量，并受到
移动互联网带宽的限制，所以要在网站设计上实现全面普及，可能尚需时日，
但绝对值得期待。

图 8.22　FT 中文网（桌面端），2020

图 8.23　FT 中文网
（移动端），2020

8.4　无限滚动的成与败

无限滚动是基于某些 jQuary 插件而实现的网站可循环翻页技术，无限滚动通过在鼠标滑至页面结束时自动加载开始内容，实现了网页内容的无接缝展示，进而创造了一种独特的循环浏览体验。无限滚动技术的出现首先基于人们对信息搜索与获取的无休止需求，在效率、便利等方面，无分页的无限滚动明显优于点击、弹出等需要重新加载的网络信息露出方式。尤其是在智能手机、平板电脑等移动终端日益普及的今天，人们在"等待"时间里"抽空"进行网络浏览时更需要一目了然的整体内容便捷呈现。

但现实情况是，不同于对"视差滚动"技术的一致赞誉，人们对"无限滚动"所带来的体验却毁誉参半。支持的人认为，无限滚动这一神奇的设计模式通过设置一连串不间断的诱惑内容，诱使读者加快浏览速度，既保持了他们集中的注意力，又极大地刺激了他们对内容的渴求欲望。而反对的人则认为，没有终止的网页设置让浏览者无所适从，毫无位置感和空间感，容易让人产生一种无可名状的急躁和不安定。

即便如此，无限滚动还是成为当代网页设计的重要技术革新和发展趋势之一。无限滚动的方式不一，单一的直线竖向或横向滚动是其中最为简单的模式。Eureka 是位于美国得克萨斯州的一家软件开发公司（图 8.24），尤以手机软件见长。网站以黑白色彩的城市建筑与其水中倒影作为背景图案，通过设置统一的色调风格与背景形式，实现网站内容在竖向滑动时能够连续接龙式呈现，并且毫无违和感。有的网站则综合了横纵两个方向，以全部内容为一个整体组块，在网站页面上以连续方式无限铺展开来，以满足任何尺寸显示设备的无限要求。FENDI（芬迪）是意大利著名奢侈品品牌，其"芬迪生活"主题网站主要展示了芬迪产品在舞台秀场和现实生活中的时尚风采。网站收集了约 20 条产品展示视频，并以方格形态进行了切分与组合。这 20 段视频所对应的正方形连同几张静态辅助图片组合成一个规整的矩形图案，并以此为单位在横纵两个方面进行重叠延伸，形成了一个可适应不同显示尺寸的循环滚动页面（图 8.25、图 8.26），近似于一种全景式的视觉呈现。

图 8.24　Eureka，2014

图 8.25　芬迪生活，2014

图 8.26　芬迪生活，2014

　　除了水平与垂直方向的循环滚动，网站还可以从一个中心延伸出去，创造一种焦点式滚动，或者结合视差滚动，沿着不规则的线路做趣味性的变化设计。前者如 HTCone 手机品牌传播网站（图 8.27、图 8.28），其采用了"画中画"的方式生动呈现该型号手机"360 度全景""高品质音效""弱光拍摄"等五项特色功能。在每一个页面中，都有一部手持 HTC 手机作为视觉中心，随着鼠标的滑动，画面向手机中的内容延伸或跳出现有画面向外伸展，创造出一种立体纵深感，使无限滚动循环从二维平面拓宽到三维空间。后者则如俄罗斯一家名为 Fantazista 的足球技术培训学校的官方网站（图 8.29）。Fantazista 意为幻想曲，同时也是日本一个关于足球的漫画和影视作品的名字。足球运动有时候确实充满了奇思妙想和创造力，尤其是某些绝妙的假动作，巴西足球运动员就常被人用"桑巴舞步"来形容其动作的华丽。而这个以教授少年足球爱好者个人技巧为主要内容的足球培训学校，其网站风格也可以用"梦幻"来概括。网站以足球运动员变化的脚下动作和不同方向作为页面内容的转换路线，各种箭头、圆圈标记作为页面背景图形。随着鼠标的滚动，页面内容沿着上下、左、右、翻滚等不同方向运动，一方面遵循了背景图形所设置的行进路线；另一方面又充分展现了足球动作的美妙与奇幻，浏览体验很好，让人印象深刻。

图 8.27　HTC one 手机，2014

图 8.28　HTC one 手机，2014

图 8.29　Fantazista 足球学校，2014

　　网站设计的无限滚动模式一方面体现为网页内容的循环呈现，我们可称之为"无始无终"；另一方面则表现为网页内容的射线式无限延伸呈现和列表，我们称之为"有始无终"。瀑布流可以看作是后者的一种体现。Dynamit

是英国一家以数字媒体设计见长的年轻公司，其业务涉及品牌战略、数字设计及技术开发等。公司官方网站（图8.30）在首页部分采用了无限加载的瀑布流式布局，包括成功案例、公司实景等许多图片内容以区块分栏的方式一起在首页依次不断呈现，形成一种没有终点的无限滚动。实际上，这种"有始无终"的设计样态更适合于社交网站的设计——能够在最短的时间和最直接的空间内将浏览者可能感兴趣的内容信息呈现出来，不需要更多层级的筛选和搜索，提高了信息获取的效率，满足了浏览者的惰性心理，也实现了网站设计者对浏览者的有效引导和有目的推送。

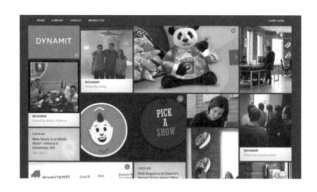

图8.30　英国设计公司 Dynamit，2014

运用滚动模式的网站还有许多，波兰某动物保护组织网站（图8.31）选取了十只动物与它的所有者或相关者，将动物的半张脸同相应的人的半张脸结合在一起，作为一幅页面的核心内容，点击页面两侧的"＋""－"符号，则完整呈现动物或人的头像，以及他们的详细介绍或心理感受。左侧动物形象与右侧的人物形象分别沿上下相反方向运动，形成巧妙对称组合。为儿童身体康复募集资金的公益网站（图8.32）设计了一株开满鲜花、结满果实并不断向上生长的树，藤蔓直插云霄既象征儿童的健康成长，又在展现募集资金的不断增加。每一颗果实代表着捐赠者的一个梦想，网页左侧设计有表示资金数量的刻度，右侧则依次呈现捐款人的各种信息与梦想留言。美国 TCM 经典电影频道夏季（8月份）影视预报网站（图8.33）设计了31名经典影视明星的头像侧影，并对应8月份的31天，向人们预告每天一位影视明星的经典影片。31个影星头像形成无限循环滚动，就像是一盒不断循环播放的胶片讲述着一部永远没有终结的老电影的故事。"发现彩虹，品味彩虹"彩虹糖体验与社交信息网站（图8.34）上有数不清的消费者响应品牌号召，将他们在生活中发现彩虹的经历和情感体验，以及品尝彩虹糖的独特感受发表到网站上。这些数不清的体验信息组成一条没有尽头的彩虹，从网站上方向下部无限延伸。意大利商业摄影师 Matteo Zanga 探险系列摄影作品展示网站（图 8.35）采用左右滑动的方式，以方格形式规则而有序地展示大量摄影作品。首页展示作品数量众多，所以网站加载时会有延迟，一定程度上影响了体验效果。

图 8.31　波兰动物保护组织，2014

图 8.32　儿童康复公益网站，2014

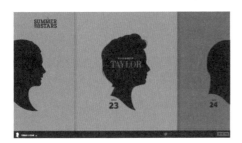

图 8.33　美国 TCM 夏季影视预报，2014

图 8.34　发现彩虹 品味彩虹，2014

图 8.35　Matteo Zanga 探险系列摄影作品网，2014

在对无限滚动模式的优劣势探讨中，我们有这样的发现，这种为众人追捧的独特设计似乎更适合触屏终端的网页浏览——相比较鼠标的滚轮，手指的快速滑动来得更快捷、便利，也可更舒适和轻松。不管怎样，无限滚动作为技术创造艺术的典型代表，为人们的网页阅读创造了一种崭新的体验，即便它有时可能还不那么尽如人意。

8.5 隐形的"按钮"

按钮是网页构成中的重要元素，一般而言，网页中的按钮可分为两类，一类是具有提交功能的按钮，这是真正意义上的按钮；而另一类则是链接性质的按钮，有人称之为伪按钮。具有提交功能的按钮一般都具有标准化的形态，其创意较为常规，而伪按钮则常常是某些文字链接在网页中被设计成按钮的样式，其创意形式较为多样。在这些所谓的伪按钮中，许多网站采用极简化和透明化的处理方法，以几何图形（大多数为方框）加文字的方式进行按钮形态设计。表面上看，按钮只是网站背景图形（大多数为模糊图像）上的一短行文字，而鼠标划过时，其图形内的背景即变更为不透明，所以我们称之为隐形按钮。一个好的按钮设计应具备美观醒目、诱导人点击的特质，而隐形按钮的透明特色使文字链接同页面大背景图形融为一体，无鼠标接触时画面和谐一体，有鼠标碰触时又会使画面跳脱，凸显重要内容。

Thedistance 是一家从事数字设计的创意机构，先后为 Google、Magento、Apple、Windows 等公司开发应用程序或手机软件。其网站首页背景图片为一面斑驳粗犷的砖墙（图 8.36），红砖与水泥的搭配展现公司创意的质朴、纯粹，体现网站关注用户切身体验的设计理念。砖墙上一排白炽灯管组成"TheDistance"的字样。下方则用配合室内环境与白炽灯管，设计了一排三个分别为绿色、蓝色和粉红的不同颜色的霓虹灯线形方框，内有文字"Ecommerce""Mobile App""Marketing"。无鼠标点击时，三个方框为透明线框，鼠标碰触时则成为有相应底色的色块。

相比透明清晰的页面大图片，模糊化的图像处理作为隐形按钮的背景更为常见。背景模糊化更容易激发人们的探索欲望，更会在心理上产生点击按钮一看究竟的冲动。模糊图像可以是图像产生的变焦效果，也可以是给图片添加蒙版。Charles-Axel Pauwels 是一家从事工业设计、产品设计和界面设计的机构，其网站（图 8.37）首页采用了焦点模糊的背景图片，在图片之上有居中的三行

图 8.36 数字设计机构 The distance，2014

文字，最上为设计师姓名，文字最大最醒目，中间滚动出现设计业务介绍，"Industry Design""Product Design""UI Design"交替呈现，最下一行为三个方形按钮，鼠标划过时，方框内呈现白色背景，文字则由原先的白色变为黑色。

图 8.37 设计机构 Charles-Axel Pauwels，2014

变焦图片作为背景使人们无法识别图片内容，进而使背景之上的文字按钮成为视觉中心，保证了视觉信息充分、完整和集中的传达。而添加了半透明蒙版的图片虽然会转移浏览者的部分注意力，但也会让页面内容丰富和生动许多，按钮内容同蒙版下的背景图片相映成趣，呈现二者相互补充烘托的互动状态。Verbal Visual 是纽约一家数字设计机构，"以数字设计激励行为并改善世界"是该机构的愿景与理想。机构网站（8.38）首页为灰色蒙版下的办公环境照片与白色、橘红色配合的文字。居中编排的主页文字与按钮文字相对于灰色蒙版照片来说，简洁质朴而醒目。尤其是鼠标移至下方按钮时，其文字会呈现橘红色，这与首页上方的橘红色方块相互映照，成为首页的两个亮点。在网站的作品展示页面里，依然延续着灰色蒙版与橘红色文字的搭配，一暗一亮，一冷一热，背景与主体相得益彰。

图 8.38　纽约数字设计机构 Verbal Visual，2014

　　Fondation recherche médicale 是法国一家从事医学科研研究的基金组织，2014 年该组织针对阿尔茨海默病（俗称老年痴呆症）发起了一次"I remember"的宣传活动，以引发全社会对老年痴呆症患者的关注。"i-remember. fr"即为这次活动的配合网站。网站被设计为一个巨大的记忆收集库（图 8.39），"人们可以不断在网站上上传你的记忆，以保证网站会不断延续下去，而不会慢慢消失"。网站创意本身即在警示人们老年痴呆症患者的痛苦与挣扎。在视觉形象上，网站好似苍茫的宇宙天穹，而人们上传的记忆就是苍穹中的一粒粒尘埃。无数的尘埃组合、排列、环绕，组成一幅起伏的宇宙星云图。首页的按钮部分不再是简单的方形线框，而变为由一圈流动的尘埃环绕的十字小圆环。鼠标没有接触按钮时，周围尘埃如星云般散落四方，而一旦鼠标靠近并接触按钮，尘埃便立刻汇集成一条清晰明亮的规则圆环，一静一动，一散一聚，让网站的趣味性立增。

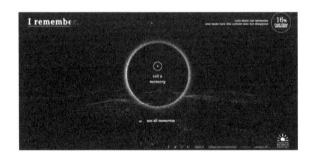

图 8.39　I remember 活动网站，2014

　　诸如此类的网站还有许多。Hyperakt 设计工作室网站（图 8.40）采用极其简单的首页设计，纯黑色网站背景，白色字体，居中编排，网站标题、副标题和按钮三级内容，按钮文字字体最小，由白色长方形线框包围，鼠标移至其上时，文字与背景的颜色实现反转。意大利 Derpixelist 设计公司主要从事网页设计、平面设计及相关领域，其网站（图 8.41）首页是黑色背景中一个正对镜头的额首低头的文身男人形象，双手举起，食指指向自己的脑后。居中排列的页面主体业务介绍文字下是一个长形的线框按钮。绿色是网站的主点缀色，左上角的公司 logo 以绿色背景展现，按钮在鼠标触动时也会呈现绿色背景。作品案例以扁平化的方式排布页面下部，鼠标接触后，导览图片会覆盖灰色蒙版和居于导览图片中心位置的正方形绿色色块，下方介绍文字也一并由白色变为绿色。荷兰 Decibel 户外音乐节 2014 年活动网站（图 8.42）的背景是几段音乐节现场的动感视频，充满激情的画面和丰富的色彩是网站的主要特点。页面下方有两个并排的方框按钮，边框配合页面色调为红黄渐变。鼠标移至按钮区域时，方框即由透明变为红黄渐变背景，同页面色调保持一致。西门子"Mobility"综合解决方案活动网站（图 8.43）首页背景为城市生活场景：繁忙的河道、疾驰的列车、来回穿梭的人群，"Mobility"作为页面标题显示于页面中心，其下以四边形框形式设计了四个大型透明按钮，以文字加图标的形式呈现，分别代表了城市管理、城际交通、移动通信以及城市物流。无鼠标接触时，按钮为方框，鼠标移至该区域时则变化为蓝色网状背景。Anzac Day 是澳大利亚重要节日之一，是为悼念澳大利亚与新西兰在第一次世界大战中牺牲的士兵而设立的。2014 年度纪念主题为"minute of silence"，号召人们拨打 1 分钟的沉默电话，所产生的通话费用将用于帮助那些在战争中付出一切的老兵及其家属。该活动网站（图 8.44）首页为满屏的黑色背景，白底黑字的网站 logo 居于页面中央上部，其下排列两个线框文字按钮。鼠标移至按钮区域后，左侧则出现土黄色块，在满屏的黑与白中营造出一丝温暖。

图 8.40　Hyperakt 设计工作室，2014

图 8.41　意大利 Derpixelist 设计公司，2014

图 8.42　荷兰 Decibel 户外音乐节，2014

图 8.43　西门子"Mobility"

综合解决方案，2014

图 8.44　澳大利亚 Anzac Day，2014

　　让"按钮"隐形是实现网站设计简洁化的有效手段之一，它尤其适用于那些使用了大背景图片的网站。整齐干净的网站首页上，一两个规则的或圆或方的图框配合印刷文字，可隐可现，有效吸引浏览者的注意力。虽然对于这种设计是否属于"按钮"尚有争议，但它制造的"轻轻点击，打开世界"的情境与期待无疑让浏览者很是受用。

网站名录索引一^①

(按章节顺序)

第 2 章

info. cern. ch：世界第一个网站"什么是万维网"（图 2.1），1991 年，第 2 章，第 9 页。

spacejam. com：电影《空中大灌篮》官网（图 2.2），1996 年，第 2 章，第 9 页。

gabocorp. com：Gabocorp 公司（图 2.3），1997 年，第 2 章，第 9 页。

eye4u. com：EYE4U 设计公司（图 2.4），1998 年，第 2 章，第 10 页。

matinee. co. uk：Matinee 影音公司（图 2.5），1998 年，第 2 章，第 10 页。

nrg. be：NRG 网站（图 2.6），1998 年，第 2 章，第 10 页。

firstinternetbancorp. com：印第安纳州第一网络银行（图 2.7），2019 年，第 2 章，第 11 页。

yahoo. com：雅虎（图 2.9），2000 年，第 2 章，第 11 页。

google. com：谷歌（图 2.10），2000 年，第 2 章，第 11 页。

sohu. com：搜狐（图 2.11），2000 年，第 2 章，第 11 页。

2advanced. com：2Advanced Studios 工作室网站（图 2.12），2001 年，第 2 章，第 12 页。

mediamonks. com：MediaMonks 数字创意公司网站（图 2.13），2001 年，第 2 章，第 12 页。

mediamonks. com：MediaMonks 数字创意公司网站（图 2.14），2020 年，第 2 章，第 12 页。

linkedin. com：领英（图 2.15），2019 年，第 2 章，第 12 页。

tianya. cn：天涯社区（图 2.16），2019 年，第 2 章，第 12 页。

taobao. com：淘宝网（图 2.17），2003 年，第 2 章，第 13 页。

ctrip. com：携程网英文版（图 2.18），2019 年，第 2 章，第 13 页。

---

① 本附录为读者查阅书籍引例方便，因时间关系，部分网站可能已更换内容或域名失效。若要查看历史网页，可登录 www. archive. com，根据时间搜索查看相应网页快照，大部分网页均可查看。

facebook. com：脸书网（图 2.19），2004 年，第 2 章，第 14 页。

subservientchicken. com：汉堡王 Subservient Chicken 活动网站（图 2.20），2004 年，第 2 章，第 14 页。

ganji. com：赶集网（图 2.21），2005 年，第 2 章，第 14 页。

topxue. com：淘学网（图 2.22），2005 年，第 2 章，第 14 页。

haoting. com：好听音乐网（图 2.23），2005 年，第 2 章，第 14 页。

rongshuxia. com：榕树下社区（图 2.25），2006 年，第 2 章，第 15 页。

kaixin001. com：开心网（图 2.28），2008 年，第 2 章，第 16 页。

facebook. com：脸书网（图 2.30），2009 年，第 2 章，第 17 页。

twitter. com：推特网（图 2.31），2009 年，第 2 章，第 17 页。

thewildernessdowntown. com：谷歌荒野城镇网站（图 2.32），2010 年，第 2 章，第 18 页。

nestle-nespresso. com：Nespresso 咖啡 2010 口味新变化展示网站（图 2.33），2010 年，第 2 章，第 18 页。

museumofme. intel. com：英特尔"The Museum of Me"活动网站（图 2.34），2011 年，第 2 章，第 19 页。

nike. com：耐克官网（图 2.35），2011 年，第 2 章，第 19 页。

youtube. com/user/MarbleHornets：Marble Hornets 系列影片"I dare you"（图 2.36），2011 年，第 2 章，第 19 页。

google. com. hk：谷歌香港网站（图 2.37），2012 年，第 2 章，第 19 页。

fullten. plums. com. tw：台湾"有颗梅"蜜饯品牌网站（图 2.39），2013 年，第 2 章，第 19 页。

m. people. cn：手机人民网（图 2.40、图 2.41、图 2.42、图 2.43），2020 年，第 2 章，第 20 页。

pinterest. com：Pinterest 网（图 2.44），2015 年，第 2 章，第 21 页。

behance. net：behance 设计社区（图 2.45），2015 年，第 2 章，第 21 页。

wix. com：wix 智能网站设计平台（图 2.46），2016 年，第 2 章，第 21 页。

luban. aliyun. com：鹿班设计系统（图 2.47），2018 年，第 2 章，第 21 页。

alchemy. digital：英国 alchemy 数字设计机构（图 2.48），2017 年，第 2 章，第 22 页。

russianrivervalley. com：俄罗斯河谷地区宣传网站（图 2.49），2017 年，第 2 章，第 22 页。

onelastbeat. com：One last beat 互动故事影片网站（图 2.50），2018 年，第 2 章，第 22 页。

3d. cairo. de：Cairo 虚拟现实设计商店（图 2.51），2018 年，第 2 章，第 23 页。

currents. activetheory. net：海洋洋流 VR 网站（图 2.52），2018 年，第 2 章，第 23 页。

booksarlive.com：BooksARlive 互动阅读（图 2.53），2018 年，第 2 章，第 23 页。

第 3 章

3.1

frontierwithin. thorne. com：美国运动营养品牌索恩 The Frontier Within 活动网站（图 3.1），2019 年，第 3 章第 1 节，第 25 页。

lostcities. org："消失的城市——珊瑚的故事"网站（图 3.2），2019 年，第 3 章第 1 节，第 25 页。

leafworks. com：美国绿色产品认证机构网站（图 3.3），2019 年，第 3 章第 1 节，第 25 页。

animal. cc：瑞典创意机构 animal 网站（图 3.4），2019 年，第 3 章第 1 节，第 25 页。

evagher. com：彩妆艺术工作室 Evagher 网站（图 3.5），2019 年，第 3 章第 1 节，第 26 页。

romainavalle. dev：马来西亚 R·A 设计工作室网站（图 3.6），2019 年，第 3 章第 1 节，第 26 页。

ringba. com/white. label：Ringba 品牌传播机构网站（图 3.7），2019 年，第 3 章第 1 节，第 26 页。

contrarycon. com：第四届 ContraryCon 国际会议网站（图 3.8），2019 年，第 3 章第 1 节，第 26 页。

carbon8. org. au：澳大利亚 carbon8 慈善机构网站（图 3.9），2019 年，第 3 章第 1 节，第 27 页。

aquamarine. media：英国数字营销机构 Aquamarine 网站（图 3.10），2019 年，第 3 章第 1 节，第 27 页。

avrox. co. uk：EI8HT 氧气饮料产品网站（图 3.11），2018 年，第 3 章第 1 节，第 28 页。

mogney. com：QR 码网络支付系统 Mogney 介绍网站（图 3.12），2018 年，第 3 章第 1 节，第 28 页。

3.2

onepixelwebsite. com：一个像素的网站（图 3.13、图 3.14），2002 年，第 3 章第 2 节，第 29 页。

guimp. com：经典小游戏网站（图 3.15、图 3.16、图 3.17），2011 年，第 3 章第 2 节，第 30 页。

printfriendly. com：网页自定义打印网站（图 3.18），2012 年，第 3 章第 2 节，第 31 页。

uniqlo. jp/uniglock：优衣库美女时钟网站（图 3.19、图 3.20），2012 年，第 3 章第 2 节，第 31 页。

depression. edu. hk：忧郁小王子之路（图 3. 21），2012 年，第 3 章第 2 节，第 31 页。

sheltonfleming. co. uk：伦敦展示设计公司 Shelton Fleming（图 3. 22），2012 年，第 3 章第 2 节，第 32 页。

bodegasbaigorri. com：西班牙 BAI 葡萄酒（图 3. 23），2012 年，第 3 章第 2 节，第 32 页。

thegraphictree. com：动画设计机构 The Graphic Tree（图 3. 24），2012 年，第 3 章第 2 节，第 32 页。

londonandpartners. com：伦敦和他的伙伴（图 3. 25），2012 年，第 3 章第 2 节，第 33 页。

informationarchitects. jp：日本信息设计公司网站（图 3. 26），2012 年，第 3 章第 2 节，第 34 页。

mq. edu. au/sustainability/greencampusguide：悉尼麦考瑞大学绿色校园计划网站（图 3. 27），2012 年，第 3 章第 2 节，第 34 页。

toyota. com. tw：丰田汽车台湾地区官网，2012 年，第 3 章第 2 节，第 34 页。

wish. t. qq. com：腾讯微博"大大世界、小小心愿"活动网站，2012 年，第 3 章第 2 节，第 34 页。

poweroflove. com. tw：台湾公益机构公益提案资助票选网站（图 3. 28），2012 年，第 3 章第 2 节，第 35 页。

3. 3

sina. com. cn：新浪首页导航栏（图 3. 29），2012 年，第 3 章第 3 节，第 36 页。

eastmoney. com：东方财富网财经频道导航栏（图 3. 30），2012 年，第 3 章第 3 节，第 36 页。

wikipedia. org：维基百科网站（图 3. 31），2012 年，第 3 章第 3 节，第 37 页。

notforgottenmovie. com：美国电影《誓不忘记》官网（图 3. 32），2012 年，第 3 章第 3 节，第 37 页。

bernhelmets. com：美国头盔品牌 Bern 官网（图 3. 33），2012 年，第 3 章第 3 节，第 37 页。

healogix. com：全球制药和生物技术咨询研究机构 Healogix 官网（图 3. 34），2012 年，第 3 章第 3 节，第 38 页。

polargold. de：德国传播设计机构 Polar Gold 官网（图 3. 35），2012 年，第 3 章第 3 节，第 39 页。

novachevrolets10. com. br：雪弗兰 Navo S10 新款汽车形象网站，2012 年，第 3 章第 3 节，第 39 页

tamron-island. se：腾龙镜头多国海岛摄影游戏体验网站，2012 年，第 3 章第 3 节，第 39 页。

第 49 页。

3.6

doopaa. com：东湃网络科技公司官网（图 3.53），2013 年，第 3 章第 6 节，第 50 页。

mymoyan. com：摩研行空文化传播公司网站（图 3.54），2013 年，第 3 章第 6 节，第 51 页。

suzhouvilla. com："平门府"苏州别墅项目（图 3.55、图 3.56），2013 年，第 3 章第 6 节，第 51 页。

raki. design. com：乐奇设计公司网站（图 3.57），2013 年，第 3 章第 6 节，第 52 页。

bazgyz. com：宝安中国院子"半山"别墅网站（图 3.58、图 3.59），2013 年，第 3 章第 6 节，第 52 页。

mail. 163. com：163 网易邮箱，2013 年，第 3 章第 6 节，第 52 页。

dpm. org. cn：故宫博物院（图 3.60），2013 年，第 3 章第 6 节，第 53 页。

chinaylq. com：天津杨柳青镇政府网站（图 3.61），2013 年，第 3 章第 6 节，第 53 页。

3.7

passage. ru：俄罗斯圣彼得堡 PASSAGE 购物中心网站（图 3.62），2014 年，第 3 章第 7 节，第 54 页。

dollardreadful. com：美国纽约 Dollar Dreadful 家庭图书馆（图 3.63），2014 年，第 3 章第 7 节，第 55 页。

popwebdesign. net：塞尔维亚 POP 网页设计工作室（图 3.64），2014 年，第 3 章第 7 节，第 55 页。

2014. barcampomaha. org：Barcamp Omaha 2014 年会议网站（图 3.65），2014 年，第 3 章第 7 节，第 56 页。

retrofitfilms. com：Retrofi 数字工作室，2014 年，第 3 章第 7 节，第 56 页。

erichenningmagic. com：来自 Eric Henning 的传统魔术（图 3.66），2014 年，第 3 章第 7 节，第 57 页。

tongli. net/china/nanyuanchashe：同里镇政府南园茶社（图 3.67），2014 年，第 3 章第 7 节，第 57 页。

chuochengvilla. com：拙政别墅网站（图 3.68），2014 年，第 3 章第 7 节，第 57 页。

chinaylq. com：杨柳青镇政府网站（图 3.69），2014 年，第 3 章第 7 节，第 57 页。

第 4 章

4.1

timeforamammogram. breastcancerfoundation. org. nz：乳腺癌基金会乳腺 X 光检查公益项目网站（图 4.2），2019 年，第 4 章第 1 节，第 62 页。

plngroup. co. nz：新西兰空间设计机构 PLN Group 网站（图 4.3），2019 年，第 4 章第 1 节，第 62 页。

70 页。

glossary. ua：乌克兰有机化妆品网站（图 4.22），2012 年，第 4 章第 3 节，第 71 页。

beautiful2. com：艺术家克里斯托弗·尼尔森网页设计博客网站（图 4.23），2012 年，第 4 章第 3 节，第 71 页。

punchbuggy. com. au：澳大利亚数字营销与设计公司网站（图 4.24），2012 年，第 4 章第 3 节，第 71 页。

persoton. de：德国公益网站，2012 年，第 4 章第 3 节，第 71 页。

expo2012lotte. co. kr：乐天赞助韩国丽水世博会营销网站，2012 年，第 4 章第 3 节，第 72 页。

4. 4

okb. es（okbinteractive. studio）：西班牙马德里交互设计工作室 OKB（图 4.25），2013 年，第 4 章第 4 节，第 73 页。

social. ufc. com：美国终极格斗大赛（UFC）社交互动网站（图 4.26），2013 年，第 4 章第 4 节，第 73 页。

messi2012matrix："2012 梅西矩阵"网站（图 4.27），2013 年，第 4 章第 4 节，第 74 页。

lexus. com. tw/event/2012ES：雷克萨斯汽车台湾地区 2012 年品牌网站"大器天成"（图 4.28），2013 年，第 4 章第 4 节，第 75 页。

skyhill. co. kr：韩国乐天天山济州岛乡村俱乐部网站，2013 年，第 4 章第 4 节，第 75 页。

andreaziino. com：设计师个人网站（图 4.29），2013 年，第 4 章第 4 节，第 76 页。

niveaformen. com. au：澳大利亚妮维雅男士用个人清洁产品网站（图 4.30），2014 年，第 4 章第 4 节，第 76 页。

appleden. com：韩国首尔苹果树牙科医院网站（图 4.31），2013 年，第 4 章第 4 节，第 76 页。

nutrilite. farm. com：纽崔莱 80 周年（图 4.32），2014 年，第 4 章第 4 节，第 76 页。

4. 5

moodometer. mymagnum. com：冰激凌品牌 Magnum（梦龙）产品趣味测试网站，2013 年，第 4 章第 5 节，第 77 页。

moto. oakley. com：Oakley 品牌运动护目镜广告推广与在线销售网站（图 4.33），2013 年，第 4 章第 5 节，第 77 页。

dearmum. org："亲爱的妈妈"活动网站（图 4.34），2013 年，第 4 章第 5 节，第 78 页。

jamvisualthinking. com：荷兰视觉设计机构 JAM（图 4.35），2013 年，第 4 章第 5 节，第 79 页。

envyme. com. br：葡萄牙服装品牌 Envy（图 4.50），2013 年，第 4 章第 7 节，第 88 页。

momtomom. hanwhalife. com：韩国寿险公司 HanwhaLife 品牌主题网站，2013 年，第 4 章第 7 节，第 88 页。

jax-aviation. com：塞内加尔私人飞机租赁公司 JAX 官网（图 4.51），2013 年，第 4 章第 7 节，第 89 页。

candiceliuyelin. com：设计师个人网站，2013 年，第 4 章第 7 节，第 89 页。

lucasnikitczuk. com. ar：阿根廷设计师 Lucasn Nikitczuk 个人网站，2013 年，第 4 章第 7 节，第 89 页。

waaac. co：品牌与互动设计工作室 WAAAC 网站（图 4.52），2013 年，第 4 章第 7 节，第 90 页。

100ansdetour. fr：环法自行车赛 100 年纪念网站（图 4.53），2013 年，第 4 章第 7 节，第 90 页。

themobileindex. com：创意机构 Mobext 网站（图 4.54），2013 年，第 4 章第 7 节，第 90 页。

4. 8

nicolasdesle. be：比利时数字媒体创意机构的网站（图 4.55），2014 年，第 4 章第 8 节，第 91 页。

vw. com：大众高尔夫 2012 款汽车推广网站（图 4.56、图 4.57、图 4.58），2014 年，第 4 章第 8 节，第 92 页。

andreasfretz. de：德国园艺师 Andreas Fretz 个人网站（图 4.59），2014 年，第 4 章第 8 节，第 93 页。

aid-dcc. com：日本大阪互动设计公司，2014 年，第 4 章第 8 节，第 93 页。

adwords. google. com：谷歌广告监测工具 ADwods 展示网站（图 4.60），2014 年，第 4 章第 8 节，第 94 页。

touch. acer. com. cn/aio：Acer 纯白一体机展示网站，2014 年，第 4 章第 8 节，第 94 页。

happy-photo-studio. jp：日本大阪儿童摄影机构，2014 年，第 4 章第 8 节，第 94 页。

goosebumpspickles. com：印度售卖泡菜电子商务网站，2014 年，第 4 章第 8 节，第 94 页。

rocco. hk：许李严建筑设计事务所，2014 年，第 4 章第 8 节，第 94 页。

第 5 章

5. 1

galloportugal. com：葡萄牙橄榄油品牌橄露官网（图 5.1），2019 年，第 5 章第 1 节，第 97 页。

climbingtechnology. pl：意大利安保品牌 Climbing Technology 官网（图 5.2、图 5.3），

beautymeetsdesign. com：Qi Home 公司产品设计品牌 Beautymeetsdesign 官方网站，2012 年，第 5 章第 2 节，第 104 页。

x1carbon. thinkworld. com. cn："黑色力量"联想 ThinkPad X1 Carbon 超级笔记本微网站，2012 年，第 5 章第 2 节，第 104 页。

sqcircle. com：英国方圆创意机构网站，2012 年，第 5 章第 2 节，第 104 页。

5. 3

getingethappy. com：大众汽车公司的品牌宣传网站（图 5.20），2013 年，第 5 章第 3 节，第 105 页。

mediaengine. com. au：创意公司"媒体引擎"网站（图 5.21），2013 年，第 5 章第 3 节，第 106 页。

recycledlifeforms. com：循环生活方式网站（图 5.22），2013 年，第 5 章第 3 节，第 106 页。

priscillamartins. com：巴西平面设计师 Priscilla Martins 个人网站（图 5.23），2013 年，第 5 章第 3 节，第 107 页。

quyeba. com："去发现 另辟之径"TheNorthFace 品牌活动网站（图 5.24），2013 年，第 5 章第 3 节，第 107 页。

ray-gun. pt：葡萄牙 Raygun 设计机构网站（图 5.25），2013 年，第 5 章第 3 节，第 107 页。

epicplaydate. com：2013 款现代圣达菲网站，2013 年，第 5 章第 3 节，第 107 页。

ldjtf. com：成都绿地·锦天府楼盘，2013 年，第 5 章第 3 节，第 107 页。

andrevv. com：互动设计师安德鲁·麦卡锡个人网站，2013 年，第 5 章第 3 节，第 107 页。

xmhhqs. com：恒禾七尚商业写字楼（图 5.26），2013 年，第 5 章第 3 节，第 108 页。

5. 4

berndkammerer. com：摄影工作室的网站（图 5.29），2013 年，第 5 章第 4 节，第 110 页。

rvlt. com：丹麦服装品牌 RVLT（图 5.30），2013 年，第 5 章第 4 节，第 111 页。

farfromthetree. com：《远离树》网站，2013 年，第 5 章第 4 节，第 111 页。

diesel. com：迪赛，2013 年，第 5 章第 4 节，第 111 页。

dongdao. net：东道设计公司，2013 年，第 5 章第 4 节，第 111 页。

mvben. com：博客收集分享网站，2013 年，第 5 章第 4 节，第 111 页。

samovidic. com：斯洛文尼亚摄影师 SamoVidic 个人网站，2013 年，第 5 章第 4 节，第 111 页。

5. 5

adamrudzki. com：波兰平面设计师 Adam Rudzki 个人网站（图 5.31），2013 年，第 5 章

124 页。

huaban. com：花瓣网（图 5.52），2014 年，第 5 章第 7 节，第 124 页。

sberbank1. ru：俄罗斯联邦储蓄银行网站（图 5.53），2014 年，第 5 章第 7 节，第 124 页。

outdatedbrowser. com：浏览器对比网站（图 5.54），2014 年，第 5 章第 7 节，第 124 页。

第 6 章

6. 1

news. sina. com. cn：新浪新闻（图 6.6），2019 年，第 6 章第 1 节，第 128 页。

aliyun. com：阿里云（图 6.7），2019 年，第 6 章第 1 节，第 129 页。

jd. com：京东（图 6.8、图 6.10），2019 年，第 6 章第 1 节，第 129、130 页。

akaru. fr：法国设计工作室 Akaru 网站（图 6.9），2019 年，第 6 章第 1 节，第 129 页。

cnr. cn：央广网（图 6.11），2019 年，第 6 章第 1 节，第 130 页。

baidu. com：百度网（图 6.12），2019 年，第 6 章第 1 节，第 131 页。

tinkerwatches. com：手表潮牌 Tinker 官网（图 6.13、图 6.14、图 6.15），2019 年，第 6 章第 1 节，第 131 页。

tmall. com：天猫（图 6.16），2019 年，第 6 章第 1 节，第 132 页。

zhihu. com：知乎（图 6.17），2019 年，第 6 章第 1 节，第 132 页。

castoretpollux. com：创意设计机构 Castor Pollux（图 6.18、图 6.19、图 6.20），2019 年，第 6 章第 1 节，第 134 页。

6. 2

lux. film. cn：力士星炫之城（图 6.22、图 6.23、图 6.24），2009 年，第 6 章第 2 节，第 135 页。

peugeot207go. qq. com：标致 207 "有梦想、放胆闯" 牛仔探索之旅（图 6.25、图 6.26），2011 年，第 6 章第 2 节，第 136、137 页。

whiskas. com. tw："伟嘉猫咪百科" 台湾伟嘉猫粮产品体验网站（图 6.27、图 6.28），2014 年，第 6 章第 2 节，第 137、138 页。

all. vic. sina. com. cn/lgsmartphone：LG Super Junior 手机 "爱上 LG 爱上你"（图 6.29），2011 年，第 6 章第 2 节，第 138 页。

htc. com/tw/infomonth2011/：HTC 手机 "宝岛感恩祭"（图 6.30），2011 年，第 6 章第 2 节，第 139 页。

im. uniqlo. cn/heattech/campaign："优衣库·暖心送" 活动（6.31），2014 年，第 6 章第 2 节，第 139 页。

top-hellokitty. com："Hellokitty 的大头贴日记" 柔柔花香 5 女性卫生用品体验网站，2014 年，第 6 章第 2 节，第 140 页。

网站，2012 年，第 6 章第 4 节，第 148 页。

6.5

fitbit.com：Fibit 健身腕表追踪器品牌展示网站（图 6.41），2014 年，第 6 章第 5 节，第 149 页。

soyuzcoffee.com：圣彼得堡 SOYUZ 咖啡店（图 6.42），2014 年，第 6 章第 5 节，第 150 页。

ogreen. special. t. com：雀巢 Special. T 制茶机 Ogreen 日本绿茶系列（图 6.43），2014 年，第 6 章第 5 节，第 151 页。

blackhouse. uk. com：英国黑屋牛排店官网，2014 年，第 6 章第 5 节，第 151 页。

westinfinds.com：威斯汀酒店，2014 年，第 6 章第 5 节，第 151 页。

hilo. hawaii. edu：夏威夷大学招生网站，2014 年，第 6 章第 5 节，第 151 页。

explore. speedousa. com/experience/artofthecap：Speedo 限量版泳帽展示网站，2014 年，第 6 章第 5 节，第 151 页。

dearmum. org："亲爱的妈妈"活动网站（图 6.44），2014 年，第 6 章第 5 节，第 152 页。

6.6

treehousetv.com：加拿大树屋儿童频道（图 6.45），2014 年，第 6 章第 6 节，第 153 页。

cartoonnetwork. ca：美国 CN 卡通频道（图 6.46），2014 年，第 6 章第 6 节，第 154 页。

campaign. goongsecret. com：韩国宫中秘策活动网站（图 6.47），2014 年，第 6 章第 6 节，第 154 页。

moonbear. animalsasia. org：亚洲动物保护基金会月熊网站（图 6.48），2014 年，第 6 章第 6 节，第 155 页。

kbsn. co. kr/kids：韩国 KBS 少儿频道网站，2014 年，第 6 章第 6 节，第 155 页。

yoursphere.com：青少年社交网站，2014 年，第 6 章第 6 节，第 155 页。

kid. qq. com：腾讯儿童频道（图 6.49），2014 年，第 6 章第 6 节，第 156 页。

lego. com：乐高官网，2014 年，第 6 章第 6 节，第 156 页。

disney. co. uk/disney. junior：迪士尼儿童游戏网站，2014 年，第 6 章第 6 节，第 156 页。

6.7

mengniu. qq. com：蒙联邦活动网站（图 6.50），2014 年，第 6 章第 7 节，第 157 页。

bmsns.com：厦门比蒙科技公司网站（图 6.51），2014 年，第 6 章第 7 节，第 158 页。

phorce.com：phorce 智能背包网站（图 6.52），2014 年，第 6 章第 7 节，第 158 页。

meetminiz.com：MINIZ 手持 X 光检测仪（图 6.53、图 6.54、图 6.55、图 6.56），2014 年，第 6 章第 7 节，第 158、159 页。

hanwhafireworks. com：首尔国际焰火节网站（图 6.57），2014 年，第 6 章第 7 节，第 160 页。

panoptiqm. com：Panoptiqm 动画工作室网站（图 6.58），2014 年，第 6 章第 7 节，第 160 页。

holidayopenday. co. uk：香港 Thomson 酒店营销活动网站（图 6.59），2014 年，第 6 章第 7 节，第 160 页。

nomoresnooze. com：法国 Withings 睡眠灯 Aura 产品网站（图 6.60），2014 年，第 6 章第 7 节，第 160 页。

第 7 章

7.1

sogou. com：搜狗搜索（图 7.1），2019 年，第 7 章第 1 节，第 162 页。

cn. bing. com：必应搜索（图 7.2），2019 年，第 7 章第 1 节，第 162 页。

people. com. cn：人民网（图 7.3），2019 年，第 7 章第 1 节，第 162 页。

qq. com：腾讯网（图 7.4），2019 年，第 7 章第 1 节，第 162 页。

sdta. com：山东省文化旅游厅客户关系管理系统（图 7.5），2019 年，第 7 章第 1 节，第 163 页。

sdta. cn：好客山东网——山东省旅游综合性公共服务平台（图 7.6），2019 年，第 7 章第 1 节，第 163 页。

boc. cn：中国银行官网（图 7.7），2019 年，第 7 章第 1 节，第 164 页。

huawei. com/cn：华为集团官网（图 7.8），2019 年，第 7 章第 1 节，第 164 页。

lol. qq. com：英雄联盟官网（图 7.9），2019 年，第 7 章第 1 节，第 165 页。

music. taihe. com：千千静听官网（图 7.10），2019 年，第 7 章第 1 节，第 165 页。

betatakaki. com：加拿大设计师 Beta Takaki 个人网站（图 7.11），2019 年，第 7 章第 1 节，第 166 页。

ruanyifeng. com：作家阮一峰个人网站（图 7.12），2019 年，第 7 章第 1 节，第 166 页。

moe. gov. cn：中国教育部网站（图 7.13），2019 年，第 7 章第 1 节，第 167 页。

7.2

vancl. com：凡客诚品（图 7.14），2011 年，第 7 章第 2 节，第 169 页。

vancl. com：凡客诚品（图 7.15），2019 年，第 7 章第 2 节，第 169 页。

banggo. com：邦购·美特斯邦威官方商城（图 7.16），2011 年，第 7 章第 2 节，第 170 页。

nike. com. cn：Nike 中国（图 7.17），2011 年，第 7 章第 2 节，第 170 页。

juicycouture. com：Juicy Couture 橘滋（图 7.18），2011 年，第 7 章第 2 节，第 171 页。

shopecko. com：ECKO（图 7.19），2011 年，第 7 章第 2 节，第 172 页。

mio. com：米欧家居网上商店（图 7.20），2011 年，第 7 章第 2 节，第 172 页。

lasenza. com：北美顶尖女性内衣品牌 La Senza（图 7.21），2011 年，第 7 章第 2 节，第 172 页。

zingsale. com：Zingsale 打折网（图 7.22），2011 年，第 7 章第 2 节，第 172 页。

shoeBeDoo：澳大利亚女性鞋包及配饰品牌，2011 年，第 7 章第 2 节，第 172 页。

tinkeringmonkey. com：美国旧金山 Thinkering Monkey 木匠工作室，2011 年，第 7 章第 2 节，第 172 页。

mrporter. com：时尚男装品牌 mrporter 网购网站，2011 年，第 7 章第 2 节，第 172 页。

footlocker. com：世界最大的体育用品网络销售商，2011 年，第 7 章第 2 节，第 172 页。

anthropologie. com：美国家居用品品牌 anthropologie，2011 年，第 7 章第 2 节，第 173 页。

7.3

freerice. com：联合国世界粮食计划署 FreeRice 公益游戏网站（图 7.23），2012 年，第 7 章第 3 节，第 174 页。

dazuoxiaoti. com "小题大作" 微公益网站（图 7.24），2012 年，第 7 章第 3 节，第 175 页。

liveearthtree. com：微软公益网站（图 7.25），2012 年，第 7 章第 3 节，第 176 页。

chinablackboard. com：中华黑板（图 7.26），2012 年，第 7 章第 3 节，第 176 页。

milliondollarhomepage. com：百万美元格子（图 7.27），2012 年，第 7 章第 3 节，第 176 页。

occupytheurl. com：占领网络（图 7.28），2012 年，第 7 章第 3 节，第 177 页。

dothegreenthing. com：公益环保视频分享，2012 年，第 7 章第 3 节，第 177 页。

breathingearth. net：呼吸的地球公益网站，2012 年，第 7 章第 3 节，第 177 页。

nhk. or. jp/design-ah/ah-song：NHK 幼儿识字教育网站（图 7.29、图 7.30、图 7.31），2012 年，第 7 章第 3 节，第 177、178 页。

bountydecathlon. com：体验家庭主妇的辛苦（图 7.32），2012 年，第 7 章第 3 节，第 178 页。

7.4

bell2lodge. com：美洲北部旅游胜地贝尔小屋（图 7.33），2012 年，第 7 章第 4 节，第 179 页。

sukie. co. uk：英国纸制品公司苏奇（图 7.34），2012 年，第 7 章第 4 节，第 180 页。

aromawebdesign. com：温哥华芳香设计 Aroma（图 7.35），2012 年，第 7 章第 4 节，第 181 页。

sweetestevia. gr：希腊茶饮品甜菊（图 7.36），2012 年，第 7 章第 4 节，第 181 页。

fruehstuecksmilch. de：德国牛奶品牌 Berchtesgadener Land，2012 年，第 7 章第 4 节，第

181 页。

bentang. cn：天津奔唐设计公司（图 7.37、图 7.38），2012 年，第 7 章第 4 节，第 182 页。

huapi2. net：《画皮 2》官网，2012 年，第 7 章第 4 节，第 182 页。

nationallgbtmuseum. org：美国国家同性恋博物馆项目网站（图 7.39），2013 年，第 7 章第 4 节，第 182 页。

ilovecolors. com. ar：设计博客 ilovecolors，2012 年，第 7 章第 4 节，第 183 页。

7.5

friendsarena. se：瑞典好友国家体育场（图 7.40），2013 年，第 7 章第 5 节，第 184 页。

ixdc2013. com：2013 年中国交互设计体验周的网站设计（图 7.41），2013 年，第 7 章第 5 节，第 184 页。

designportland. org：美国波特兰设计周（图 7.42），2013 年，第 7 章第 5 节，第 185 页。

nordic Ruby：瑞典斯德哥尔摩 Nordic Ruby 2013 年开发会议（图 7.43），2013 年，第 7 章第 5 节，第 185 页。

baileys. com. cn/event2013_ together：百利奶油威士忌"好闺蜜，誓一起"闺蜜日活动网站，2013 年，第 7 章第 5 节，第 186 页。

audiclub. cn/landofquattro："见地未来"奥迪俱乐部线下活动网站，2013 年，第 7 章第 5 节，第 186 页。

beijing-marathon. com：2013 年北京国际马拉松，2013 年，第 7 章第 5 节，第 186 页。

go4events. nl：荷兰 Go4 活动组织机构，2013 年，第 7 章第 5 节，第 186 页。

ithacaevents. com：美国纽约州亚萨卡市公共艺术活动信息网站，2013 年，第 7 章第 5 节，第 186 页。

7.6

mini. jp：MINI Paceman 跨界概念车（图 7.44），2013 年，第 7 章第 6 节，第 187 页。

doov. com. cn：朵唯手机 5.25 自拍日活动（图 7.45、图 7.46），2013 年，第 7 章第 6 节，第 188 页。

mxd. tencent. com：腾讯移动体验设计中心，2013 年，第 7 章第 6 节，第 188 页。

hashima. island. com：日本端岛实景浏览网站（图 7.47、图 7.48），2013 年，第 7 章第 6 节，第 189 页。

100ansdetour. fr：环法自行车赛 100 年纪念网站（图 7.49），2013 年，第 7 章第 6 节，第 190 页。

zhengbang. com. cn：正邦设计机构网站，2013 年，第 7 章第 6 节，第 190 页。

spaceshowertv. com/sync：日本音乐电视频道 Spaceshower SYNC 主题活动网站，2013

年，第 7 章第 6 节，第 190 页。

hyundaisb. com：韩国现代储蓄银行网站，2013 年，第 7 章第 6 节，第 190 页。

forestmall. com. cn：南京森林摩尔商业地产项目网站（图 7.50），2013 年，第 7 章第 6 节，第 191 页。

siko2013. com：重庆视酷数字营销公司网站，2013 年，第 7 章第 6 节，第 191 页。

7.7

smartzzang. com：韩国校服品牌 Smart F&D 官网（图 7.51），2014 年，第 7 章第 7 节，第 192 页。

shop. diesel. com：意大利时装品牌 diesel 官网（图 7.52），2014 年，第 7 章第 7 节，第 193 页。

voguedaily. com：VOGUE 杂志官网（图 7.53），2014 年，第 7 章第 7 节，第 193 页。

robertadicamerino. com：意大利奢侈品牌 roberta di camerino 官网（图 7.54），2014 年，第 7 章第 7 节，第 194 页。

lubiam. it：意大利时装品牌 lubiam 官网，2014 年，第 7 章第 7 节，第 194 页。

ekle. it：意大利时装品牌 ekle 官网，2014 年，第 7 章第 7 节，第 194 页。

robertadicamerino. net：箱包品牌诺贝达中文官网，2014 年，第 7 章第 7 节，第 194 页。

adidasevent. com/winterjacket2013：阿迪达斯"形色酷玩"之"冬季夹克造型对决"活动网站，2014 年，第 7 章第 7 节，第 194 页。

protest. eu：荷兰板类服饰潮牌 protest 官网，2014 年，第 7 章第 7 节，第 195 页。

bananacafe. com. br：巴西服装品牌 banana cafe 官网，2014 年，第 7 章第 7 节，第 195 页。

7.8

state. tn. us：美国田纳西州政府网站，2014 年，第 7 章第 8 节，第 196 页。

alabama. gov：美国亚拉巴马州政府网站（图 7.55），2014 年，第 7 章第 8 节，第 196 页。

sc. gov：美国南卡罗来纳州政府（图 7.56），2014 年，第 7 章第 8 节，第 197 页。

sdta. cn：好客山东网（图 7.57），2014 年，第 7 章第 8 节，第 197 页。

wlt. shanxi. gov. cn：山西"晋善晋美"网站（图 7.58、图 7.59），2014 年，第 7 章第 8 节，第 198 页。

whitehouse. gov：白宫，2014 年，第 7 章第 8 节，第 198 页。

cnta. gov. cn：中国国家旅游局，2014 年，第 7 章第 8 节，第 198 页。

tourzj. gov. cn：浙江旅游网，2014 年，第 7 章第 8 节，第 198 页。

mi5. gov. uk：英国军情五处网站，2014 年，第 7 章第 8 节，第 199 页。

gov. cn：中国中央人民政府网站，2014 年，第 7 章第 8 节，第 199 页。

节，第 214 页。

fendilife. fendi. com："芬迪生活"意大利著名奢侈品 FENDI（图 8.25、图 8.26），2014，第 8 章第 4 节，第 214 页。

one. htc. com：HTC 手机（图 8.27、图 8.28），2014，第 8 章第 4 节，第 215 页。

en. fantazista. ru：俄罗斯 Fantazista 足球技术培训学校（图 8.29），2014，第 8 章第 4 节，第 215 页。

dynamit. us：英国数字媒体设计公司（图 8.30），2014，第 8 章第 4 节，第 216 页。

pakadlabezdomniaka. pl：波兰动物保护组织（图 8.31），2014，第 8 章第 4 节，第 217 页。

teleton. org. co/siembra：儿童身体康复公益网站（图 8.32），2014，第 8 章第 4 节，第 217 页。

summer. tcm. com：美国 TCM 经典电影频道夏季（8 月份）影视预报网站（图 8.33），2014，第 8 章第 4 节，第 217 页。

en. skittles. ca："发现彩虹，品味彩虹"彩虹糖体验与社交信息网站（图 8.34），2014，第 8 章第 4 节，第 217 页。

matteozanga. it/adventure. php：意大利商业摄影师 Matteo Zanga 探险系列摄影作品展示网站（图 8.35），2014，第 8 章第 4 节，第 217 页。

8. 5

thedistance. co. uk：距离数字设计机构（图 8.36），2014 年，第 8 章第 5 节，第 219 页。

capauwels. com：Charles-Axel Pauwels 设计公司（图 8.37），2014 年，第 8 章第 5 节，第 219 页。

verbalvisu. al：言语视觉设计机构（图 8.38），2014 年，第 8 章第 5 节，第 220 页。

i-remember. fr："我记得"活动网站（图 8.39），2014 年，第 8 章第 5 节，第 220 页。

hyperakt. com：Hyperakt 设计工作室（图 8.40），2014 年，第 8 章第 5 节，第 221 页。

derpixelist. de：Derpixelist 设计公司（图 8.41），2014 年，第 8 章第 5 节，第 221 页。

b2s. nl/decibel2014：Decibel 户外音乐节 2014 年活动网站（图 8.42），2014 年，第 8 章第 5 节，第 222 页。

siemens. com. tr/i/Assets/mobility：西门子"mobility"综合解决方案网站（图 8.43），2014 年，第 8 章第 5 节，第 222 页。

minuteofsilence. com. au：澳大利亚 Anzac Day 纪念网站（图 8.44），2014 年，第 8 章第 5 节，第 222 页。

网站名录索引二^①

（按首字母排序）

A

acko. net：设计机构 ACKO（图5.17），2012年，第5章第2节，第102页。

adamrudzki. com：波兰平面设计师 Adam Rudzki 个人网站（图5.31），2013年，第5章第5节，第113页。

adayinbigdata. com：奥美互动大数据知识网站（图4.38），2013年，第4章第5节，第80页。

adcade. com：纽约互联网营销机构（图5.32），2013年，第5章第5节，第113页。

adidasevent. com/winterjacket2013：阿迪达斯"形色酷玩"之"冬季夹克造型对决"活动网站，2014年，第7章第7节，第194页。

adwords. google. com：谷歌广告监测工具 ADwods 展示网站（图4.60），2014年，第4章第8节，第94页。

adventurehere. com：美国加利福尼亚健身培训机构网站（图3.38），2012年，第3章第4节，第41页。

aid-dcc. com：日本大阪互动设计公司，2014年，第4章第8节，第93页。

airJordan2012. com：Jordan 2012年新品介绍网站（图6.38），2012年，第6章第4节，第147页。

akaru. fr：法国设计工作室 Akaru 网站（图6.9），2019年，第6章第1节，第129页。

akufen. ca：加拿大 AKFN 设计工作室网站（图5.8），2018年，第5章第1节，第98页。

akufen. ca：加拿大 AKFN 设计工作室网站（图5.14），2018年，第5章第1节，第100页。

alabama. gov：美国亚拉巴马州政府网站（图7.55），2014年，第7章第8节，第196页。

---

① 本附录为读者查阅书籍引例方便，因时间关系，部分网站可能已更换内容或域名失效。若要查看历史网页，可登录 www. archive. com，根据时间搜索查看相应网页快照，大部分网页均可查看。

alchemy. digital：英国 alchemy 数字设计机构（图 2.48），2017 年，第 2 章，第 22 页。

aliyun.com：阿里云（图 6.7），2019 年，第 6 章第 1 节，第 129 页。

all. vic. sina. com. cn/lgsmartphone：LG Super Junior 手机"爱上 LG 爱上你"（图 6.29），2011 年，第 6 章第 2 节，第 138 页。

andreasfretz. de：德国园艺师 Andreas Fretz 个人网站（图 4.59），2014 年，第 4 章第 8 节，第 93 页。

andreaziino.com：设计师个人网站（图 4.29），2013 年，第 4 章第 4 节，第 76 页。

andrevv. com：互动设计师安德鲁·麦卡锡个人网站，2013 年，第 5 章第 3 节，第 107 页。

angle2. agency：Angle2 营销机构网站（图 5.5），2019 年，第 5 章第 1 节，第 98 页。

animal. cc：瑞典创意机构 animal 网站（图 3.4），2019 年，第 3 章第 1 节，第 25 页。

anthropologie. com：美国家居用品品牌 anthropologie，2011 年，第 7 章第 2 节，第 173 页。

appleden. com：韩国首尔苹果树牙科医院网站（图 4.31），2013 年，第 4 章第 4 节，第 76 页。

aquacp. com：日本设计公司 Contents Produce（图 4.14），2012 年，第 4 章第 2 节，第 66 页。

aquamarine. media：英国数字营销机构 Aquamarine 网站（图 3.10），2019 年，第 3 章第 1 节，第 27 页。

aromawebdesign. com：温哥华芳香设计 Aroma（图 7.35），2012 年，第 7 章第 4 节，第 181 页。

artandscience. jp：日本 A&S（艺术与科技）设计机构网站（图 5.11），2019 年，第 5 章第 1 节，第 99 页。

aspanovasbizkaia. org：西班牙比斯开癌症儿童家长协会网站（图 4.17），2012 年，第 4 章第 3 节，第 68 页。

asylum. com：营销创意公司 Asylum（图 5.33），2013 年，第 5 章第 5 节，第 114 页。

audiclub. cn/landofquattro："见地未来"奥迪俱乐部线下活动网站，2013 年，第 7 章第 5 节，第 186 页。

autooasis. com：韩国 GS 润滑油品牌网站"汽车绿洲"，2012 年，第 4 章第 2 节，第 65 页。

avrox. co. uk：EI8HT 氧气饮料产品网站（图 3.11），2018 年，第 3 章第 1 节，第 28 页。

B

baidu. com：百度网（图 6.12），2019 年，第 6 章第 1 节，第 131 页。

baileys. com. cn/event2013_ together：百利奶油威士忌"好闺蜜，誓一起"闺蜜日活动

网站，2013 年，第 7 章第 5 节，第 186 页。

bananacafe.com.br：巴西服装品牌 banana cafe 官网，2014 年，第 7 章第 7 节，第 195 页。

banggo.com：邦购·美特斯邦威官方商城（图 7.16），2011 年，第 7 章第 2 节，第 170 页。

barackobama.com：奥巴马夫妇办公室网站（图 8.14、图 8.15、图 8.16、图 8.17、图 8.18、图 8.19），2019 年，第 8 章第 3 节，第 211、212 页。

bazgyz.com：宝安中国院子"半山"别墅网站（图 3.58、图 3.59），2013 年，第 3 章第 6 节，第 52 页。

beautiful2.com：艺术家克里斯托弗·尼尔森网页设计博客网站（图 4.23），2012 年，第 4 章第 3 节，第 71 页。

beautymeetsdesign.com：Qi Home 公司产品设计品牌 Beautymeetsdesign 官方网站，2012 年，第 5 章第 2 节，第 104 页。

behance.net：behance 设计社区（图 2.45），2015 年，第 2 章，第 21 页。

beijing-marathon.com：2013 年北京国际马拉松，2013 年，第 7 章第 5 节，第 186 页。

bell2lodge.com：美洲北部旅游胜地贝尔小屋（图 7.33），2012 年，第 7 章第 4 节，第 179 页。

bentang.cn：天津奔唐设计公司（图 7.37、图 7.38），2012 年，第 7 章第 4 节，第 182 页。

berndkammerer.com：摄影师 Bernd Kammerer 个人网站（图 4.41），2013 年，第 4 章第 5 节，第 81 页。

bernhelmets.com：美国头盔品牌 Bern 官网（图 3.33），2012 年，第 3 章第 3 节，第 37 页。

bersardi.com：巴西摄影师 Ber Sardi 个人工作室网站（图 4.4），2019 年，第 4 章第 1 节，第 62 页。

betatakaki.com：加拿大设计师 Beta Takaki 个人网站（图 7.11），2019 年，第 7 章第 1 节，第 166 页。

biamar.com.br：巴西针织品牌 Biamar 官方网站（图 8.1），2013 年，第 8 章第 2 节，第 205 页。

billchien.net：加拿大设计师 Bill 个人网站（图 4.5），2019 年，第 4 章第 1 节，第 62 页。

blackhouse.uk.com：英国黑屋牛排店官网，2014 年，第 6 章第 5 节，第 151 页。

bmsns.com：厦门比蒙科技公司网站（图 6.51），2014 年，第 6 章第 7 节，第 158 页。

boc.cn：中国银行官网（图 7.7），2019 年，第 7 章第 1 节，第 164 页。

bodegasbaigorri.com：西班牙 BAI 葡萄酒（图 3.23），2012 年，第 3 章第 2 节，第

节，第 105 页。

gfadvanced. rosebeauty. com. cn：兰蔻"小黑瓶"产品升级活动网站，2013 年，第 5 章第 5 节，第 115 页。

ggorii. com：韩国社交网站，2012 年，第 6 章第 4 节，第 147 页。

ginno. net：韩国游戏公司 Ginno 官方网站，2012 年，第 3 章第 3 节，第 39 页。

globetrooper. com：全球旅行网站（图 6.34），2012 年，第 6 章第 3 节，第 143 页。

glossary. ua：乌克兰有机化妆品网站（图 4.22），2012 年，第 4 章第 3 节，第 71 页。

google. com：谷歌（图 2.10），2000 年，第 2 章，第 11 页。

google. com. hk：谷歌香港网站（图 2.37），2012 年，第 2 章，第 19 页。

goosebumpspickles. com：印度售卖泡菜电子商务网站，2014 年，第 4 章第 8 节，第 94 页。

gov. cn：中国中央人民政府网站，2014 年，第 7 章第 8 节，第 199 页。

go4events. nl：荷兰 Go4 活动组织机构，2013 年，第 7 章第 5 节，第 186 页。

green. amusegroup. com：绿话网，2012 年，第 4 章第 2 节，第 66 页。

greyp-bike. com（greyp. com）：克罗地亚 Rimac Automobili 公司电动自行车 Greyp（图 4.48），2013 年，第 4 章第 7 节，第 87 页。

gsneotek. co. kr：韩国 GS 集团网站（图 3.46），2012 年，第 3 章第 5 节，第 45 页。

guimp. com：经典小游戏网站（图 3.15、图 3.16、图 3.17），2011 年，第 3 章第 2 节，第 30 页。

H

haoting. com：好听音乐网（图 2.23），2005 年，第 2 章，第 14 页。

hanwhafireworks. com：首尔国际焰火节网站（图 6.57），2014 年，第 6 章第 7 节，第 160 页。

happy-photo-studio. jp：日本大阪儿童摄影机构，2014 年，第 4 章第 8 节，第 94 页。

hashima. island. com：日本端岛实景浏览网站（图 7.47、图 7.48），2013 年，第 7 章第 6 节，第 189 页。

hasrimy. com：马来西亚网络开发服务机构，2012 年，第 6 章第 4 节，第 148 页。

healogix. com：全球制药和生物技术咨询研究机构 Healogix 官网（图 3.34），2012 年，第 3 章第 3 节，第 38 页。

hilo. hawaii. edu：夏威夷大学招生网站，2014 年，第 6 章第 5 节，第 151 页。

holidayopenday. co. uk：香港 Thomson 酒店营销活动网站（图 6.593），2014 年，第 6 章第 7 节，第 160 页。

hotel. hiranoya. co. jp：日本三谷温泉平野屋（图 8.4），2013 年，第 8 章第 2 节，第 206 页。

htc. com/tw/explorer/index. html："探索新生活"HTC Explorer 功能体验网站，2014 年，

第 6 章第 2 节，第 140 页。

htc. com/tw/infomonth2011／：HTC 手机"宝岛感恩祭"（图 6.30），2011 年，第 6 章第 2 节，第 139 页。

huaban. com：花瓣网（图 5.52），2014 年，第 5 章第 7 节，第 124 页。

huapi2. net：《画皮 2》官网，2012 年，第 7 章第 4 节，第 182 页。

huawei. com/cn：华为集团官网（图 7.8），2019 年，第 7 章第 1 节，第 164 页。

hyperakt. com：Hyperakt 设计工作室（图 8.40），2014 年，第 8 章第 5 节，第 221 页。

hyundaisb. com：韩国现代储蓄银行网站，2013 年，第 7 章第 6 节，第 190 页。

I

icoke. cn/channels/campaign/2012OLYM/ico_ index_ beat. aspx：可口可乐伦敦奥运主题营销活动网站（图 4.16），2012 年，第 4 章第 3 节，第 68 页。

ilovecolors. com. ar：设计博客 ilovecolors，2012 年，第 7 章第 4 节，第 183 页。

ilovespoon. com：马来西亚冰冻酸奶店（图 4.11），2012 年，第 4 章第 2 节，第 65 页。

importmagotan. com：大众迈腾旅行轿车体验网站，2014 年，第 6 章第 2 节，第 140 页。

im. uniqlo. cn/heattech/campaign："优衣库·暖心送"活动（6.31），2014 年，第 6 章第 2 节，第 139 页。

info. cern. ch ：世界第一个网站"什么是万维网"（图 2.1），1991 年，第 2 章，第 9 页。

informationarchitects. jp：日本信息设计公司网站（图 3.26），2012 年，第 3 章第 2 节，第 34 页。

i-remember. fr："我记得"活动网站（图 8.39），2014 年，第 8 章第 5 节，第 220 页。

irontoiron. com：Irontoiron 网页设计机构网站（图 5.44），2014 年，第 5 章第 6 节，第 120 页。

ithacaevents. com：美国纽约州亚萨卡市公共艺术活动信息网站，2013 年，第 7 章第 5 节，第 186 页。

itosieceni. pl：波兰流行音乐歌唱团体（图 6.36），2012 年，第 6 章第 4 节，第 145 页。

ixdc2013. com：2013 年中国交互设计体验周的网站设计（图 7.41），2013 年，第 7 章第 5 节，第 184 页。

J

jacqui. com. sg：新加坡食品品牌 Jacqui 网站，2013 年，第 8 章第 2 节，第 205 页。

jamvisualthinking. com：荷兰视觉设计机构 JAM（图 4.35），2013 年，第 4 章第 5 节，第 79 页。

jax-aviation. com：塞内加尔私人飞机租赁公司 JAX 官网（图 4.51），2013 年，第 4 章第 7 节，第 89 页。

jeep. com. cn：Jeep 我们都是自由客（图 5.19），2012 年，第 5 章第 2 节，第 103 页。

5 节，第 222 页。

mio. com：米欧家居网上商店（图 7.20），2011 年，第 7 章第 2 节，第 172 页。

mi5. gov. uk：英国军情五处网站，2014 年，第 7 章第 8 节，第 199 页。

moe. gov. cn：中国教育部网站（图 7.13），2019 年，第 7 章第 1 节，第 167 页。

mogney. com：QR 码网络支付系统 Mogney 介绍网站（图 3.12），2018 年，第 3 章第 1 节，第 28 页。

momtomom. hanwhalife. com：韩国寿险公司 HanwhaLife 品牌主题网站，2013 年，第 4 章第 7 节，第 88 页。

moovents. com：意大利社交媒体营销机构 Moovents（图 4.20），2012 年，第 4 章第 3 节，第 70 页。

moodometer. mymagnum. com：冰激凌品牌 Magnum（梦龙）产品趣味测试网站，2013 年，第 4 章第 5 节，第 77 页。

moto. oakley. com：Oakley 品牌运动护目镜广告推广与在线销售网站（图 4.33），2013 年，第 4 章第 5 节，第 77 页。

moonbear. animalsasia. org：亚洲动物保护基金会月熊网站（图 6.48），2014 年，第 6 章第 6 节，第 155 页。

m. people. cn：手机人民网（图 2.40、图 2.41、图 2.42、图 2.43），2020 年，第 2 章，第 19 页。

mq. edu. au/sustainability/greencampusguide：悉尼麦考瑞大学绿色校园计划网站（图 mrporter. com：时尚男装品牌 mrporter 网购网站，2011 年，第 7 章第 2 节，第 172 页。

mq. edu. au/sustainability/greencampusguide：悉尼麦考瑞大学绿色校园计划网站（图 3.27），2012 年，第 3 章第 2 节，第 34 页。

msf. tv：无国界医生组织网站（图 3.50），2012 年，第 3 章第 5 节，第 48 页。

ms. unit9. com/creativemind/adobeKit：Adobe Creative Suit2. 3 功能介绍与效果测试网站，2012 年，第 5 章第 2 节，第 103 页。

museumofme. intel. com：英特尔"The Museum of Me"活动网站（图 2.34），2011 年，第 2 章，第 19 页。

music. taihe. com：千千静听官网（图 7.10），2019 年，第 7 章第 1 节，第 165 页。

mvben. com：博客收集分享网站，2013 年，第 5 章第 4 节，第 111 页。

mxd. tencent. com：腾讯移动体验设计中心，2013 年，第 7 章第 6 节，第 188 页。

myalienware. cn：戴尔游戏电脑体验网站，2014 年，第 6 章第 2 节，第 140 页。

mymoyan. com：摩研行空文化传播公司网站（图 3.54），2013 年，第 3 章第 6 节，第 51 页。

N

nationallgbtmuseum. org：美国国家同性恋博物馆项目网站（图 7.41），2013 年，第 7

章第 4 节，第 182 页。

节，第 26 页。

ritter-sport. de：德国巧克力品牌 RITTER SPORT 官网，2012 年，第 4 章第 3 节，第 68 页。

robertadicamerino. com：意大利奢侈品牌 roberta di camerino 官网（图 7.54），2014 年，第 7 章第 7 节，第 194 页。

robertadicamerino. net：箱包品牌诺贝达中文官网，2014 年，第 7 章第 7 节，第 194 页。

rocco. hk：许李严建筑设计事务所，2014 年，第 4 章第 8 节，第 94 页。

romainavalle. dev：马来西亚 R·A 设计工作室网站（图 3.6），2019 年，第 3 章第 1 节，第 26 页。

rongshuxia. com：榕树下社区（图 2.25），2006 年，第 2 章，第 15 页。

ruanyifeng. com：作家阮一峰个人网站（图 7.12），2019 年，第 7 章第 1 节，第 166 页。

rubicon-world. com：萨拉热窝移动应用程序开发机构 Rubicon（图 4.37），2013 年，第 4 章第 5 节，第 80 页。

russianrivervalley. com：俄罗斯河谷地区宣传网站（图 2.49），2017 年，第 2 章，第 22 页。

rvlt. com：丹麦服装品牌 RVLT（图 5.30），2013 年，第 5 章第 4 节，第 111 页。

S

sagepath. com：美国亚特兰大数字媒体代理机构 Sagepath，2013 年，第 8 章第 2 节，第 206 页。

samovidic. com：斯洛文尼亚摄影师 SamoVidic 个人网站，2013 年，第 5 章第 4 节，第 111 页。

sanchezromerocarvajal. com：西班牙纯种伊比利亚猪宣传网站（图 4.46），2013 年，第 4 章第 6 节，第 85 页。

sandisk-jp. com/starlitsky："世界上最美的星空"闪迪存储卡，2013 年，第 8 章第 2 节，第 207 页。

sanga-ryokan. com：日本黑川温泉山河旅店网站（图 5.50），2014 年，第 5 章第 7 节，第 124 页。

sarahlongnecker. com：美国视频编辑师的个人网站（图 5.15），2012 年，第 5 章第 2 节，第 101 页。

sarahray. co. uk：英国插画家萨拉·雷个人网站（图 3.44），2012 年，第 3 章第 4 节，第 44 页。

sberbank1. ru：俄罗斯联邦储蓄银行网站（图 5.53），2014 年，第 5 章第 7 节，第 124 页。

sc. gov：美国南卡罗来纳州政府（图 7.56），2014 年，第 7 章第 8 节，第 197 页。

参考文献

［1］胡乔木 . 中国大百科全书：美术卷 I［M］. 北京：中国大百科全书出版社，1993.

［2］高振美 . 绘画艺术思维的新空间［M］. 北京：朝华出版社，1999.

［3］胡壮麟 . 理论文体学［M］. 北京：外语教学研究出版社，2000.

［4］彭慧 . 平面设计教程［M］. 天津：天津人民美术出版社，2001.

［5］曹方 . 视觉传达设计原理［M］. 南京：江苏美术出版社，2005.

［6］（美）丹尼尔·平克 . 全新思维［M］. 林娜，译 . 北京：北京师范大学出版社，2006.

［7］赵志云 . 网络形象设计［M］. 北京：中国传媒大学出版社，2011.

［8］李世国，顾振宇 . 交互设计［M］. 北京：中国水利水电出版社，2012.

［9］（瑞士）海因里希·沃尔夫林 . 美术史的基本概念：后期艺术风格发展的问题［M］. 洪天富，范景中，译 . 杭州：中国美术学院出版社，2015.

［10］郑建鹏，齐立稳 . 设计心理学［M］. 武汉：武汉大学出版社，2016.

［11］钱学森 . 对技术美学和美学的一点认识［J］. 技术美学，1984（1）.

［12］钱学森 . 钱学森同志谈技术美学［J］. 装饰，1986（3）.

［13］永馨 . “全国技术美学与设计文化研讨会”综述［J］. 文艺研究，1995（1）.

［14］张卓颖 . 全国技术美学与设计文化研讨会综述［J］. 天津社会科学，1995（1）.

［15］萧游 . 卡梅隆：精彩的梦是笔好买卖［N］. 北京青年报，2010-01-14.

［16］康修机，田少煦 . 数字图形的空间语言探究［J］. 文艺争鸣，2010（5）.

［17］高鑫 . 技术美学（上）［J］. 现代传播，2011（2）.

［18］曹小鸥 . 技术美学，中国现代设计的重要转折：20 世纪中国设计发展回溯［J］. 新美术：中国美术学院学报，2015（4）.

［19］吴琼 . 用户体验设计之辨［J］. 装饰，2018（10）.

［20］Akamai's. state of the internet（2015-2017）［OL］. www. akamai. com/.

［21］Jakob，Nielsen. 10 Usability Heuristics for User Interface Design［OL］. www. nngroup. com/articles/ten-usability-heuristics，1994-4-24.

［22］Rob Ford，Julius Wiedemann. Web Design. The Evolution of the Digital World 1990-Today［M］. TASCHEN，2019.